世界未解之谜系列

密码之谜

MIMA ZHIMI

京华出版社

图书在版编目（CIP）数据

密码之谜 / 陈荣编著. —北京：京华出版社，2011.3
（世界未解之谜）
ISBN 978-7-5502-0151-4

Ⅰ.①密… Ⅱ.①小… Ⅲ.①密码—理论—普及读物 Ⅳ.① TN918.1-49

中国版本图书馆 CIP 数据核字（2011）第 027263 号

密码之谜

编　著	陈荣
出版发行	京华出版社
	（北京市朝阳区安华西里一区 13 号楼 2 层　100011）
	（010）64258473　64255036　64243832（发行部）
	（010）64258472　64251790　64255606（编辑部）
	E-mail:80600pub @ bookmail.gapp.gov.cn
印　刷	三河市兴国印务有限公司
开　本	710mm×1000mm　1/16
字　数	200 千字
印　张	12.5
版　次	2011 年 3 月第 1 版
印　次	2011 年 3 月第 1 次印刷
书　号	ISBN 978-7-5502-0151-4
定　价	36.00 元

京华版图书，若有质量问题，请与本社联系

FOREWORD 前言

  在人类的历史长河中,密码一直是那朵不被人注意,但却散发着迷人魅力的小浪花。今天,我们已经无从知晓是谁发明了第一个密码。我们知道的是,从它诞生之日开始,人类就陷入了无休无止的加密——解密——再加密的无限循环中。这是人类智力的另类较量,也是历史之书的诡异版本。

  密码及密码学,从来都不仅仅只是数学家的研究范畴。从凯撒大帝在《高卢战记》里的秘密情报,到玛丽女王软禁岁月中的暗中谋反;从英吉利海峡上空的密电较量,到太平洋战场的硫磺岛反击之战,密码在波诡云谲的历史变幻中一直充当着急先锋与终结者的致命角色。谜一样的密码,密码般的谜,一扇扇紧锁的历史真相的大门,必须要借助密码这把黄金钥匙才能打开。

  本书以人类历史和文化为主线,撷取有趣悬疑的未解之谜,向读者系统介绍密码的产生、发展及具体应用的相关知识。以轻松简洁的文字,珍稀罕见的图片,首次曝光的历史资料,让读者在趣味阅读中了解密码学,重新认识那些被人为掩藏和故意篡改的历史文化之谜。

CONTENTS 目录

密码历史之谜　　1

1	密码的起源之谜	2
2	世界上最早的密码之谜	8
3	埃特巴什码与圣殿骑士之谜	13
4	玛丽女王死于密码被破之谜	18
5	密码天才赫伯特·奥利弗·亚德利生涯之谜	24
6	二战英德密码大战之谜	31
7	中国密码英雄——池步洲生涯之谜	38

密码战争之谜　　45

1	神秘的ADFGX密码之谜	46
2	女裙下的密码之谜	54
3	"北极行动"中的密码大战之谜	59
4	美军狙击山本五十六之谜	66
5	风语者——纳瓦霍语密码之谜	73
6	二战美日密码大战之谜	81
7	中美合作智破日本间谍密码之谜	88

密码趣味之谜

1 中国的方块字密码——字谜之谜 …… 96
2 感人的密码情书之谜 …… 101
3 既简单又实用的密码 …… 106
4 "天书"当票密码之谜 …… 111
5 黑话密码——春典之谜 …… 116
6 世上唯一的女性文字——女书之谜 …… 120
7 袖里乾坤——手上密码之谜 …… 125
8 福尔摩斯与"跳舞的小人"之谜 …… 129

95

密码文化之谜

1 伏尼契手稿密码之谜 …… 134
2 古代中国都出现过哪些密码 …… 139
3 如尼字母之谜 …… 144
4 达·芬奇密码说了些什么 …… 148
5 10种至今难以破译的密码 …… 155
6 纳斯卡线条,宇宙的密码? …… 164

133

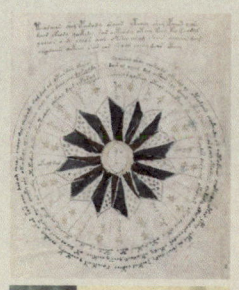

密码科技之谜

```
PFEESESN
RETMMFHA
IRWEOOIG
MEENNRMA
ENETSHAS
DCNSIIAA
IEERBRNK
FBLELODI
```

169

1　栅栏密码是一种什么样的密码 …………………………… **170**

2　摩尔斯电码的原理何在 …………………………………… **173**

3　间谍一般使用哪些暗号和密码手段 ……………………… **177**

4　维热纳尔密码并非"不可破译"的密码 ………………… **183**

5　神秘的ADFGX密码 ……………………………………… **188**

6　托马斯·杰斐逊的轮子密码机 …………………………… **191**

密码历史之谜

- 密码的起源之谜
- 世界上最早的密码之谜
- 埃特巴什码与圣殿骑士之谜
- 玛丽女王死于密码被破之谜
- 密码天才赫伯特·奥利弗·亚德利生涯之谜
- 二战英德密码大战之谜
- 中国密码英雄——池步洲生涯之谜

密码的起源之谜

观点：密码的历史几乎与文字一样悠久，公元前 3000 年前古埃及就出现了具有密码功能的符号。由于密码的隐藏性，它不可避免地被首先应用在部族内部斗争与军事战争上。早期的密码虽然简单，但是其设计的巧妙与使用的出人意料，还是令现在的人惊叹赞许。

↑ 古埃及象形文字图

密码何时在人类文化中出现，目前没有一个确切的说法。但是，密码的历史十分悠久，这是不争的事实。应该说，人类文明刚刚形成的时候，就有人开始使用密码了。在人类文明几个著名的发源地，都能找到使用密码的事例。

考古发现，公元前 2000 年，古埃及的某些贵族就有在坟墓中树碑的习惯，这些墓碑上有些神秘的文字，已经具备了密码的特征。考古学家说，墓碑上的象形文字不同于已知的普通埃及象形文字，而是由一位当时的书法家经过变形处理之后写的，但是具体的使用方法已经失传。人们推测，这种做法是为了给坟墓增加神秘气氛，提高墓主的声望。到了公元前 1500 年左右，还是在古埃及，人们发现了一名陶工留下的信息，他试图用一种简单的密码掩藏自己给陶罐上釉的配方技巧。

希伯来也是较早使用密码的古老的文明之一。公元前21世纪,希伯亚民族发源于两河流域的美索不达米亚的吾珥(Ur)。这批游牧民族后来为了寻找牧场而迁移,他们来到迦南的巴勒斯坦之后,被称为希伯来,即迦南语"越河者"之意。希伯来民族在长期的发展过程中,曾经开发出了三种加密法,称为"atbah"、"atbash"和"albam"。这也就是著名的小说《达芬奇密码》中出现的那种密码体系。中世纪时有许多修士坚信,在《圣经》的古代写本中,就隐藏着大量的密码,那里有众多的神秘信息。甚至还有人从中读出了肯尼迪遇刺与卫星上天等预测,事后被证明大多是生硬的附会及东拼西凑而已。

↑《圣经》

希腊也有过很早使用密码的历史记载。这是一种非常有趣的传递情报的手段。有一个希腊城邦想要给对方送出一份非常重要的情报,为了保密和掩人耳目,他们把一个奴隶剃成光头,然后在头皮上写下情报内容,等头发长好后,这名奴隶就可以带着这份情报出发。到达目的地后,对方只要再剃去他的头发,就可以读到完整的信息。这种办法看上去很麻烦,但确实非常安全,因为再严密的搜查,也不可能发现头发下的秘密。希腊的密码与众不同,它属于夹带加密法,是把密文以隐藏的方式传递。但问题是,这种密码没有什么时效性,毕竟不是每次都可以等送情报的头发长到可以隐藏情报时,才能够出发将情报传送到它应该被送到的地方。

中国是著名的文明古国,历史上也不乏使用密码的记载。公元前11世纪的周武王时代,就已经使用了一种"阴符"系统,用不同的长度来表示战争的结果。《资治通鉴》卷二百零一载:唐高宗乾封二年(667),唐朝大军征讨高句丽,运粮使郭待封率海军舰队从海上进攻平壤,主帅李勣命冯师本运送粮秣武器在后接应。不想补给船只在海上遇险,未能及时送达前线。郭待封军中乏粮,作书向李勣告急,但他担心书信会落入高丽人之手,从而暴露军中虚实,于是将告急书信写成"离合诗"。

英国科学家李约瑟是公认的研究中华文化的外国人,他曾经称《武经总要》为"军事百科全书"。

《武经总要》是中国北宋时期的军事家、政治家曾公亮编纂的一本书,该书辑录着一种真正意义上的军事通讯密码表,大概也是世界上保存至今最早的军用密码表。当时常规军事通讯存在着严重缺陷,曾公亮创造出了一种"优雅的诗歌密码"。这种密码先在一本密码本中收集当时军中必用的40个军事短语,给它们分别编上相应的代码数字。如:1.请弓;2.请箭;3.请刀……一直到最后:40.战小胜。大将率兵出征时,先带上一个密码本,同时与指挥部事先约定,利用某一首五言诗作为解码密钥。这些事先约定的诗的字数正好是40,每一个字均对应着40个军事短语的某一个。如果前线发生某种情况,需要向指挥部请示或报告时,就在一封普通的公文中有意写进诗中相应的一个字,并在该字上盖章,以示关键所在。指挥部接到公文后,根据这个字到约定的诗中检索一番,便可了解前线发回的意图。指挥部回复时,如果同意,就重新使用这个字,也夹杂在普通的公文中,盖章发回;如果不同意,则什么也不写,依然原样盖章发回。这种诗歌密码,不仅敌人看不出任何异常,就连送信人也一头雾水,确实属于一种可靠的密码通讯。

↑ 著名科技史专家李约瑟

真正得到大部分人公认的最早的密码是斯巴达人发明的（也有说法是斯巴达人从希腊人那里学习到的）。公元前8至公元前6世纪，希腊半岛上出现了200多个奴隶制国家，它们以一个城市为中心，包括周围的若干城镇，这被称为"城邦"。在这些城邦之中，有两个最为强大：一个是由欧洲北部南下定居的推崇武力的斯巴达；另一个是发端于地中海沿岸

⬆ 斯巴达勇士的军阵

⬆ 奇迷机的设计就借鉴了"斯巴达密码棒"的原理

的强调民主的雅典。

公元前12世纪，一批多利亚人来到斯巴达地区，200年后，他们由原有的五个村落渐渐发展成一个城市，称为"斯巴达城"。斯巴达人推行武力扩张的立国信条，凭借自己强大的武装，斯巴达成功地成为希腊半岛上最强大的城邦，并将周围的其他城邦征服，成立了以自己为首的城邦联盟。

公元前431年，斯巴达和雅典以及双方的盟友发生了战争。战争持续了几十年，这段时间中斯巴达人借助波斯的力量构建了一只强大的海军。在长期的战争中，斯巴达人使用一种叫"Skytale"（中文译为"天书"）的密码。斯巴达人把一个带状物，比如纸带、羊皮带或是皮革类的东西，呈螺旋形紧紧地缠在一根权杖或木棍上，之后再沿着棍子的纵轴书写文字，在这条带状物解开后，上面的文字将杂乱无章，收信人只需用一根同样直径的棍子（这两根同样直径的棍子可以是在出征前把一根棍子锯断后得到，之后将领和"情报部门"各拿一半。）重复这个过程，就可以看到明文，这还是人类历史上最早的加密器械。

公元9世纪，阿拉伯的密码学家阿尔·金迪提出解密的频度分析方法，通过分析计算密文字符出现的频率破译密码。正是利用频度分析法，英国的菲利普斯成功破解苏格兰女王玛丽的密码信，信中策划暗杀英国女王伊丽莎白，这次解密将玛丽送上了断头台。

在14世纪，密码得到了更加广泛的运用，主要被炼金术士和科学家们用来隐藏他们的发明。到15世纪的时候，欧洲的密码术简直

◆ 玛丽女王画像

离合诗

离合诗，是指用拆字法写成的诗，最早见于史载的离合诗出现于南北朝时期。一般认为离合诗属文人的一种文字游戏，实际上，这也就是密码的一种类型。著名诗人皮日休曾经写过一首《晚秋吟》：东皋烟雨归耕日，免去玄冠手刈禾。火满酒炉诗在口，今人无计奈侬何。

第一句的最末一字"日"与第二句的首字"免"，合"晚"字。第二句的最末一字"禾"与第三句的首字"火"，合"秋"字。第三句的最末一字"口"与第四句的首字"今"，合"吟"字。三字组成诗题"晚秋吟"。

已经成为一种产业。文艺复兴时期科学、艺术和宗教的复苏、繁荣刺激了密码术的发展，而使用秘密通信最重要的动机还是政治阴谋，尤其是在意大利。到19世纪，出现了无线电密码通信，逐步运用到军事、政治、经济等领域。第一次世界大战时，密码通信已经十分普遍。到20世纪70年代，密码普及于民用，可谓渗透到社会的方方面面。到了今天，密码更是成为人们须臾不可离的必备。

世界上最早的密码之谜

观点：世界上出现的第一种符合密码学意义上的密码是棋盘密码，也即波利比奥斯方表。它是以希腊历史学家、军事家、数学家波利比奥斯（Polybius）的名字命名的。这种密码是个划时代的发明，是密码学上的丰碑，它的最大特征就是用1—5个数字的组合替代全部字母。可以说，之后出现的许多密码都与其有起源关系。

图为编码所用的可以代替人工的奇迷机

我们都知道，密码之所以会产生、发展及得到应用，根本原因在于人们想要传递一些只有我们希望或者允许的接受者才能接受并理解的信息。一套成体系的密码系统，必须要有以下特征和条件：被隐藏的真实信息称为明文（Plaintext），明文通过加密法（Cipher）变为密文（Ciphertext），这个过程被称为加密（Encryption），通过一个密钥（Key）控制。密文在阅读时需要解密（Decryption），这也需要密钥，这个过程由密码员（Cryptographer）完成。通常使用的加密方法有编码法（Code）和加密法（Cipher），编码法是指用字、短语和数字来替代明文，生成的密文称为码文（Codetext），编码法不需要密钥或是算法，但是需要一个编码簿（Codebook），编码簿内是所有明文与密文的对照表；而加密法则是使用算法和密钥。

密码在传递过程中，必定面临着被外人截获的风险，这也正是密码编制的原因。当密码落到外人手中时，可能有人凭借耐心和智慧，在没有密钥的情况下得到明文，这种方法称为破解（Break）。如何才能确保密码不被外人破解，保证情报的安全呢？如果如上文所述，像希腊或者古埃及那种简单的掩饰方法，必定不可能做到万无一失。这就要求人们必须

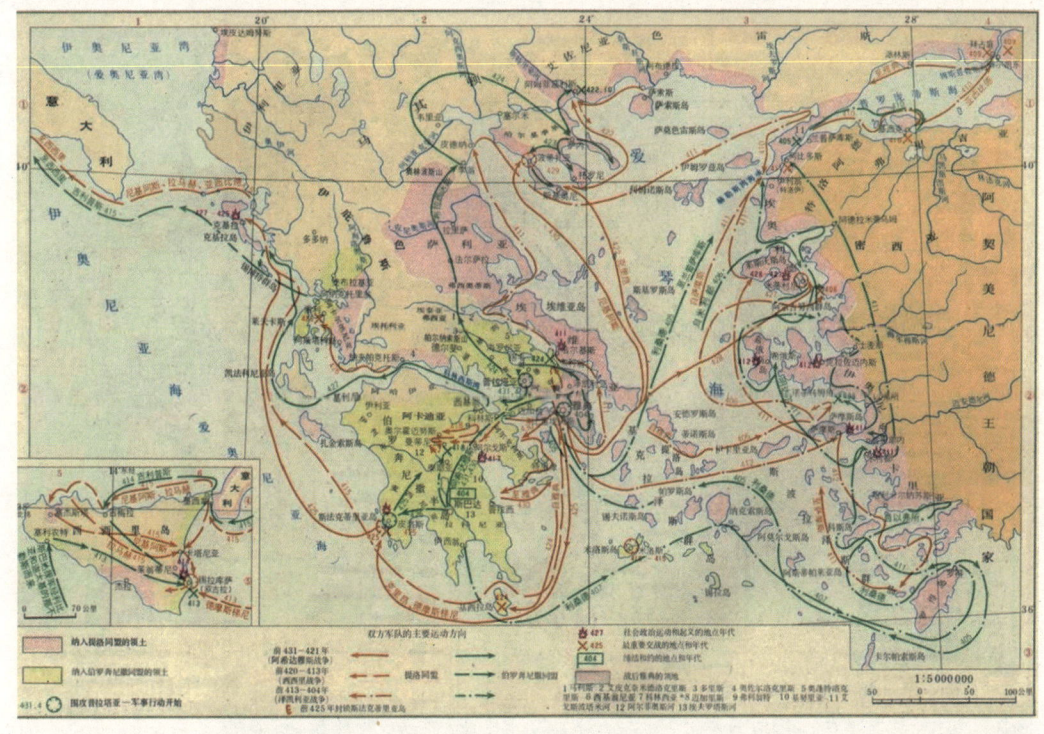

◐ 伯罗奔尼撒战争地图

设计一套绝对安全或者足够复杂的密码。

就像今天的最新科技往往首先使用在军事领域内一样,最早的成体系的密码也是出现在两国交战之中。公元前 405 年,雅典和斯巴达之间的伯罗奔尼撒战争已进入尾声。得到了波斯帝国支持的斯巴达军队控制了海上交通,逐渐占据了优势地位。就在斯巴达准备对雅典发动最后一击的时候,原来站在斯巴达一边的波斯帝国突然改变态度,停止了对其援助。波斯帝国这样做,本意是使雅典和斯巴达在持续的战争中两败俱伤,以便从中渔利。在这种情况下,斯巴达急需摸清波斯帝国的具体行动计划,以便采取新的战略方针。正在这时,一名从波斯帝国回雅典送信的雅典信使被斯巴达军队捕获。如获至宝的斯巴达士兵仔细搜查了这名信使,可除了搜出一条布满杂乱无章的希腊字母的普通腰带外,其他任何有价值的东西

正在训练的斯巴达少年

描绘战争的具有伊比利亚文化风格的陶罐

没有。那么,这名信使把情报藏在了什么地方呢?

事情传到斯巴达军队统帅莱桑德那里,他决定亲自审问这名雅典信使。莱桑德注意到了那条腰带,虽然只有一些杂乱的字母,但他觉得情报就隐藏在这其中。他与助手反复琢磨研究,把腰带上的这些天书似的文字用各种方法重新排列组合,却什么也读不出来。灰心丧气的莱桑德几乎失去了信心,当他无意中把腰带呈螺旋形缠绕在手中的剑鞘上时,奇迹出现了。原来腰带上那些杂乱无章的字母,竟组成了一段文字。原来,这果真是雅典间谍送回的一份情报,上面显示,波斯军队会在斯巴达军队发起最后攻击时,突然对斯巴达进行袭击。莱桑德根据这份情报,马上改变作战计划。他指挥斯巴达军队,首先突然攻击毫无防备的波斯军队,一举将它击溃。解除后顾之忧之后,斯巴达军队又回师征伐雅典,取得了伯罗奔尼撒战争的最后胜利。

雅典间谍送回的这份令斯巴达人百思不得其解的腰带情报,就是世界上最早的密码情报。具体方法是,通信双方首先约定密码解读规则,然后通信一方将腰带(或羊皮等其他东西)缠绕在约定长度和粗细的木棍上书写。收信一方接到后,再把腰带缠绕在同样长度和粗细的木棍上,就会看到完整正确的信息,否则,就只能得到一些毫无规则的字母。这就是最早的换位密码术,后来这种密码通信方式在西方得到了广为流传。

这种换位密码,虽然有一定的隐蔽性,但只要解密者有耐心不断尝试各种长短粗细的木棒,早晚会破译。所以,这还算不上真正安全的密码。到了公元前2世纪,还是在希腊,希腊历史学家、军事家、数学家波利比奥斯(Polybius)发明了波利比奥斯方表 Polybius Square,也被称之为棋盘密码,它的发明为以后密码学的发展奠定了基础。

波利比奥斯是一位历史学家,撰写的历史著作共40卷,只有5卷原著保存了下来。波利比奥斯对历史学非常感兴趣,并亲自到各地探险游历,他亲眼目睹了当时的许多历史事件。例如,他经历了公元前146年北非迦太基城的毁灭,为了了解迦太基统帅汉尼拔在远征罗马途中翻越阿尔卑斯山的传奇故事,波利比奥斯还亲自作了一次旅行。

↑ 波利比奥斯塑像

↑ 波利比奥斯方表可以用 1–5 个数字的组合替代全部字母

以波利比奥斯名字命名的密码方表的最大特征就是用1-5个数字的组合替代全部字母，这是之前密码所没有的。它使用一个5×5的棋盘式方格来加密，把字母按照顺序填入，随后使用这个字母所在的行和列，也就是坐标，来代指这个字母。

以目前通用的英语来看，棋盘密码5×5的棋盘式方格不可能填入26个字母，这是因为希腊字母只有24个，因而可以成功填入这个棋盘。当这种加密思想传播开来后，人们希望这种密码可以应用于拉丁字母，英语，甚至是拼音来作为明文。故此，通常将i和j填入一个方格内。构成方阵：

A B C D E
F G H I/J K
L M N O P
Q R S T U
V W X Y Z

在这个棋盘密码中，每个字母由对应的坐标代替，比如M就加密为23，E就加密为15。虽然在当时这是一种非常新颖的密码加密方法，但这只不过是一种单表置换加密。再复杂众多的密文，只要使用频率统计就可以轻松破译。所以这种方法是一种很不安全的方法。现在在密码学上已经基本销声匿迹，只是作为古典密码的经典被人们所了解。

波利比奥斯（Polybius）

古代希腊历史学家。生于伯罗奔尼撒半岛的麦加洛波利斯。年轻时即跻身政界。公元前169年任阿哈伊亚同盟骑兵长官。第3次马其顿战争（公元前171～前168）后，作为阿哈伊亚同盟的人质前往罗马。在罗马，深得西庇阿家族的宠信，成为名将西庇阿·埃米利阿努斯，即小西庇阿的朋友，曾随之远征迦太基。约公元前150年回到故乡。

埃特巴什码与圣殿骑士之谜

> **观点**：在《达·芬奇密码》中，神秘的埃特巴什码与圣殿骑士的故事引起众多喜爱密码的读者的关注。事实上，埃特巴什密码只是一种希伯来人发明的比较简单的置换密码，而圣殿骑士与密码的传说，大抵与其拥有巨大财富，为了金钱安全与流通方便有一定关系。

随着《达·芬奇密码》在全世界范围内的走红，关于其中的埃特巴什密码引起许多人的兴趣。丹布朗在小说中利用埃特巴什码寻找《圣经》中的秘密，这在历史上确有其事。

密码学在欧洲的发展，于中世纪时期遭遇了一个瓶颈时期。古希腊遗存下来的密码思想成为欧洲人主要使用的密码体系。公元 800—1200 年之间，阿拉伯人在密码方面取得了巨大成就，特别是公元 9 世纪，阿拉伯的密码学家阿尔·金迪提出了解密的频度分析方法。这是密码学上的一个重要成就。当时的欧洲人仍在使用最基本的密码。在欧洲，只有修道院里的修士还在研究密码。他们钻研圣经，寻找里面"隐藏"的信息。这种传统与圣经的古本有一定关系。事实上，《旧约》中确实蓄意包含了一些明显的密码信息。例如，旧约中的有些文字是用埃特巴什 (atbash) 加密的。

埃特巴什是一种传统的希伯来替代编码，其方法为，对每一个字母 X，找到他

▼ 电影《达·芬奇密码》剧照

○《死海古卷》的复制品

○ 有人坚信《圣经》中隐藏着不为人知的密码

在字母顺序表中的位置，然后从字母顺序表的尾部往前数同样数目的字母，找到相应的字母Y，用后一个字母Y作为X的替代码。在英语中，这意味着用Z替代A，用Y替代B，以此类推。

埃特巴什密码是由熊斐特博士发现的。熊斐特博士为库姆兰《死海古卷》的最初研究者之一，他在《圣经》历史研究方面最有名气的著作是《逾越节的阴谋》。他运用这种密码来研究别人利用其他方法不能破解的那些经文。这种密码被运用在公元1世纪的艾赛尼／萨多吉／拿撒勒教派的经文中，用以隐藏姓名。其实早在公元前500年，它就被抄经人用来写作《耶利米书》。

埃特巴什码的系统比较单纯，但是加密往往会将人的思路引到恺撒或者维吉尼亚密码之类上面。《旧约》中发现的一个密码与这同样简单。在《耶利米书》第二十五章第二十六节和第五十一章第四十一节中，先知为通天塔写了Sheshach。希伯来文第二个字母（b）被倒数第二个字母（sh）所取代。第十二个字母（l）被倒数第十二个字母（ch）代替。（这些元音次序错乱，但在希伯来文中，元音不大重要。）这种密码被称为 Ath-bash——一个由希伯来文第一个字母（a）、最后一个字母（th）、第二个字母（b）和倒数第二个字母（sh）组成的单词。

熊斐特博士于《艾赛尼派的奥德赛》一书中描述他如何对圣殿骑士们崇拜的鲍芙默神痴迷，又如何用埃特巴什码分析这个词。令他惊奇的是，破译出的词"Sophia"为希腊语中的"智慧"。

在希伯来语中，"Baphomet"一词拼写如下——要记住，希伯来语句必须从右向左读：

〔taf〕〔mem〕〔vav〕〔pe〕〔bet〕

将埃特巴什码用于上述字母，熊斐特博士得到如下结果：

〔alef〕〔yud〕〔pe〕〔vav〕〔shin〕

◆ 描绘圣殿骑士的战争图

即为用希伯来语从右向左书写的希腊词"Sophia"。Sophia 的词义为"智慧",同时它还是一位女神的名字。许多人据此相信,圣殿骑士崇拜这位女神。

分析《圣经》中使用埃特巴什码的用意,与其说是用来隐藏信息,还不如说是为了增加其神秘性。但就这,已经足够激起人们对密码学足够的兴趣。最起码,圣殿骑士们通晓埃特巴什码的事实,表明圣殿骑士中间有些人来自一个拿撒勒教派。

圣殿骑士团与历史上的"十字军东征"有直接关系。1096 年,十字军攻占圣城耶路撒冷,很多狂热的欧洲人前往耶路撒冷朝圣。当时十字军的主力大部分已经返回欧洲,朝圣者在路上常会遭到沿途强盗的袭击。为了保护朝圣者的安全,法国贵族 Huguens de Payns 和其他八名骑士建立了圣殿骑士团,以保护欧洲的朝圣者。

圣殿骑士团成员有严格的规定,加入组织时要发誓遵从修会的三大规定:守贞、守贫、服从,还要发誓保护朝圣者,这是他们作为圣地的军事修会与一般的修会相区别的地方。

在宗教的名义下,加之朝圣者对圣殿骑士的崇拜,圣殿骑士在成立之初就取得了重大的成功,并在特洛伊会议后,迅速地接收了大量的新成员以及财物捐赠。很快的,圣殿骑士团在法兰西、英格兰、苏格兰以及伊比利亚半岛拥有了大量财产。在意大利、奥地利、德国、匈牙利和君士坦丁堡也拥有土地及生意。就连当时的法国国王也嫉妒他们的财富,正如一本书中所描述的那样:圣殿骑士已将自己建成为"在基督王国里最富有和强大的组织","只有教皇统治是唯一的例外"。

◆ 圣殿骑士的战斗装备

随着圣殿骑士团的不断发展，这个组织有了自己的法庭，拥有与教会一样巨大的庇护权。它有自己的市场和定期集市，并在议会中有自己的代表。也许很多人并不知道，现代意义上的银行就是由这个组织建立的。圣殿骑士拥有巨大的财政和政治权力，定期把货币和物资从英格兰运往巴勒斯坦。在此基础上，它发展出了一套有效的、几乎所有欧洲君主和贵族都使用的银行系统。正是在他们的部分银行系统中产生了骑士团的第一个"密码"。为了不必再随身携带大量现金，骑士团成员还设计了一套用特殊方法做成的表示信用的借据系统，这就使得钱可以存在一个地方，借据则可转到世界的另一个地方并当场兑现。正是在这个庞大的银行信用体系中，骑士团成员发展出了一系列只有他们自己才能知道的各种复杂的密码。历史告诉我们真相，那些圣殿骑士前往东方并不是为了寻找所罗门的宝藏和耶稣基督的秘密，而是为了大量的金钱与货物贸易。

频度分析解码方法

代换式密码的缺点是可以通过分析每个符号出现的频率而轻易地被破译。在每种语言中，冗长的文章中的字母表现出一种可对之进行分辨的频率。例如,e是英语中最常用的字母，其出现频率为八分之一。频率分析法还可以用来对单词中的字母的位置及其组合进行分析。例如，全部英语单词中有一半以上是以t, a, o, s或w开头的。仅10个单词（the, of, and, to, a, in, that, it, is和I）就构成标准英语文章四分之一以上的篇幅。

玛丽女王死于密码被破之谜

观点：她出生仅六天，就成为了苏格兰女王；她是虔诚的天主教徒，死后封为圣徒，跻身耶稣会殉难者之列；她美貌与才华都格外出众，却成为宫廷斗争的牺牲品；她本有可能当上英格兰女王，却以"叛国罪"的名义被斩首——充满传奇色彩的玛丽女王，最终死在一封被破译密码的书信上……

玛丽·斯图尔特1542年12月8日出生在苏格兰林立思戈宫，她是苏格兰国王詹姆斯五世和法国王族吉斯玛丽的独生女。出生之后6天，其父詹姆斯五世就死于霍乱。1543年，一岁大的玛丽在斯特灵城堡加冕为苏格兰女王。由于年纪幼小，苏格兰王后，法国吉斯公爵的妹妹玛丽·德·吉斯代为摄政。

1548年，英国国王亨利八世开始他的"粗暴求爱"，利用军事行动施压，代儿子向玛丽求婚。苏格兰贵族会议所早就有既定的联法攻英的方案，于是玛丽女王被迅速送到法国宫廷，成了法国皇太子的未婚妻。法王亨利二世和凯瑟琳·德·美第奇王后非常喜爱她，给了她无微不至的照顾和最好的教育。玛丽女王17岁那年，正式与同龄的法国皇太子弗朗索瓦成婚。同年，亨利二世死在一次骑士比武大会上，弗朗索瓦成了法国国王，玛丽则成了法国王后。1560年，一直体弱多病的弗朗索瓦二世因耳部感染引起的脑病变在奥尔良去世，年仅16岁。孀居的玛丽王后结束了在法国的

◆ 法王亨利二世像

生活，回到了家乡苏格兰。

玛丽回到苏格兰后，欧洲各皇室及苏格兰宫廷内部的各种纷争搞得她焦头烂额，但玛丽不是一个柔弱的普通女子，1565年7月，她选中了新的夫婿——表兄亨利·斯图尔特·达恩利爵士。这位英俊年轻，风度潇洒的爵士有着玛丽更为看重的资本：亨利可以在伊丽莎白死后继承英格兰王位（条件是伊丽莎白没有后嗣）。

然而，玛丽女王这一次看走了眼。婚后不久，玛丽就发现亨利是个好色成性的浪子，并且其吃醋的功夫纯属一流。他大肆打击女王的宠臣们，尤其是女王的意大利籍秘书大卫·里奇奥，甚至还纠合苏格兰贵族当着女王的面杀害了里奇奥。玛丽女王决计除掉他，1567年2月9日，达恩利勋爵被发现死在了爱丁堡柯克欧菲尔德宫的花园里，尸体有明显的被人掐死的痕迹。人们认为这是女王的情人博斯韦尔伯爵所为，但女王纠合了一群支持自己的贵族组织了一次虚假的审判，结果是伯爵本人无罪释放。

1567年5月15日，女王和博斯韦尔伯爵在圣十字架宫成婚。这次不得人心的婚姻激怒了苏格兰贵族们，他们开始公开反对玛丽一世的统治。尽管玛丽打算做出一些让步，但最终还是被囚禁在列文湖畔的城堡里。王位传给了她和达恩利勋爵的儿子詹姆斯，玛丽的同父异母兄弟、马里伯爵詹姆士·斯图亚特摄政。

1568年，玛丽寻找机会，成功从列文湖城堡逃了出去，她组织了几次未遂的军事政变，但在兰塞德战役中损失了全部的军队。穷途末路的玛丽被迫逃到英格兰，寻求伊丽

🔼 封面上的玛丽·斯图尔特画像

↑ "童贞女王"伊丽莎白一世画像

莎白一世的庇护,希望能说服伊丽莎白帮她夺回王位。不料,玛丽不仅没有得到帮助,反而被伊丽莎白软禁在卡莱尔城堡。伊丽莎白一世之所以这样做,有着不得已的苦衷。一方面,看到与自己有亲戚关系的女王被人从王位上赶下来,她感到很不安。另一方面,为玛丽夺回王位,就必须与在苏格兰境内的亲新教、亲英格兰的派别交战,这是伊丽莎白不希望看到的。

就在这里,囚禁中的玛丽女王与伊丽莎白一世展开了近20年的明争暗斗。这是欧洲历史上非常著名的史实,整个过程跌宕起伏,简直就像一部小说。

我们都知道,玛丽女王的曾外祖父是伊丽莎白的爷爷亨利七世,两位女王有血缘关系。当时的苏格兰从属于英格兰又有相对的独立性,伊丽莎白一世必须要谨慎处理这层关系。她软禁了玛丽女王,一方面安抚了苏格兰的亲新教的那帮盟友,一方面也是变相保护了玛丽,这样就不会得罪国内信奉天主教的人,使他们不至于采取极端措施。

当时的英格兰,新教与天主教的斗争正呈白热化的争斗局面。众所周知,伊丽莎白一世的父亲亨利八世与教皇关系紧张,甚至已经到了水火不容的敌对状态。亨利八世死后,其长女、伊丽莎白的姐姐玛丽一世,登基成为英格兰女王。玛丽一世是个极其虔诚的天主教徒,她登基后努力把英国从新教恢复到罗马天主教,为此,她曾处决了差不多三百个反对者，而被历史称为"血腥玛丽"（Bloody Mary）。伊丽莎白一世登基后，颠覆了其姐姐的政策，开始扶持新教势力。因为根据天主教的教规，伊丽莎白是亨利八世的私生女，无权继承王位。

与苏格兰女王玛丽相比，伊丽莎白一世欠缺美貌与罗马教廷的支持。但是，这位沉默寡言的女王有着难以想象的城府与意志力。她借助国内民众的支持，不断镇压天主教徒组织的一次又一次武装叛乱。而被她软禁的玛丽，则成为其手中的一枚棋子。事实上，伊丽莎白一世对玛丽有着足够的戒备心，尽管后者一直被严密封锁在卡莱尔城堡里。

↓ 绰号"血腥玛丽"的玛丽一世

按照亨利八世的遗嘱：他死后，由独子爱德华和他的后代继位；如果爱德华没有后代，爱德华死后由玛丽和她的后代继位；如果玛丽没有后代，玛丽死后由伊丽莎白和她的后代继位。伊丽莎白一世登基后，爱德华与玛丽一世都没有子嗣留下，如果伊丽莎白一世再没有后代，那玛丽有当然的承袭英王王位的权利。玛丽女王的血统就来自玛格丽特·都铎，她的母亲吉斯玛丽与亨利八世是亲姊妹关系。至于罗马教廷，由于她的父母是按新教教规结婚的，教廷早就宣称伊丽莎白一世没有资格当英国女王，而应该由玛丽女王承袭。

当时的伊丽莎白一世已经打定主意独身，欧洲各皇室向她求婚的

↑ 英王亨利八世画像

皇族有许多，其中就包括她的前姐夫，西班牙的菲利普国王，以及她的宠臣莱斯特伯爵。伊丽莎白一世知道，许多人追求她只是觊觎英王王位，而要找到一个门当户对又信仰新教的夫君，并不是一件容易的事。不想结婚的伊丽莎白也没有指定自己的继承人，因为她明智地认识到假如她指定一个继承人的话，她的地位会被削弱，而且这一举动可以给她的敌人方便，他们有可能利用继承人来反对她。

一直遭软禁的玛丽并没有甘心老死在城堡中，她不断与欧洲各国同情她的各种势力通信，其中就包括她曾经嫁过去的法国皇室。聪明的玛丽女王为了掩人耳目，在书信中使用了许多密码，这些密码属于凯撒密码（Athbash）系统，与明文相对应的密码符号都是按照某种模式编制的。不幸的是，当时的英国王室中有精通密码的人才。当时的首席大臣弗朗西斯·沃尔辛厄姆受命监视玛丽女王的一举一动，并且此人精通频率分析。玛丽女王的信件事先都被他看到并判读，那些隐藏在字里行间的秘密几乎都被他截获。同样的，外界送给玛丽女王的密码也逃不过弗朗西斯·沃尔辛厄姆的眼睛。

伊丽莎白一世对玛丽女王的行为一直了如指掌。英国女王对这些天主教势力与玛丽的预谋时刻保持着警惕，直至到最后无法容忍。弗朗西斯·沃尔辛厄姆告诉女王，他破译出玛丽阴谋暗杀伊丽莎白女王以便继承她的皇位。

1586年8月15日，玛丽女王因叛国罪被审判，她被指控密谋刺杀伊丽莎白女王并取而代之成为英国新女王。伊丽莎白的首辅大臣弗朗西斯·沃尔辛厄姆已经逮捕了其他的同谋者，逼供并处决了他们。最后，法庭以叛国罪成立判处玛丽极刑。

1587年2月8日，玛丽女王在弗斯利亨城堡被处决。传说玛丽临刑前镇定自若，看上去就像去赴宴而不是去赴死。刽子手砍了三次才把玛丽的头颅斩下，当把玛丽女王冷峻的头颅展示给众人的时候，人们惊愕的发现女王的嘴还在喃喃的动。

此后，关于玛丽女王的历史评价有许多版本，这名虔诚的天主教徒在死了400年后的今天仍然拥有众多粉丝和崇拜者。尤其在苏格兰人眼中，玛丽女王更像一个悲剧中的女英雄而不是统治者。玛丽的英国国王的梦想最终在她儿子身上实现——1603年，她的亲生子、苏格兰的詹姆斯六世继承了童贞女王伊丽莎白的王位，成了名副其实的英国国王。从这个意义上说，玛丽最终与伊丽莎白一世打了个平手。而使得她最终丧命的密码破译的事实，成为西方现代密码历史的开端。

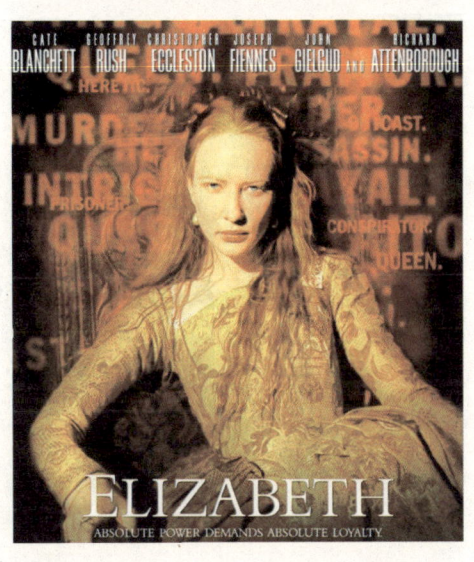

↑ 伊丽莎白一世的一生已被好莱坞拍成了电影

亨利八世

亨利八世为英国都铎王朝第二任国王。亨利八世推行宗教改革，将新教引入英格兰。他通过一些重要法案，使英国教会脱离罗马教廷，自己成为英格兰最高宗教领袖，并解散修道院，使英国王室的权力因此达到顶峰。这位娶过6任老婆的国王有两个著名的女儿：玛丽一世和伊丽莎白一世，后者当上英国女王后开创了英国的"黄金时代"。

密码天才赫伯特·奥利弗·亚德利生涯之谜

观点：不知为何，大部分在密码学上占据重要地位及做出重要贡献的密码天才，其人生经历与结局都比较坎坷与悲惨。美国密码天才赫伯特·奥利弗·亚德利就是这样一个人，他无与伦比的密码天赋在许多重要的历史时刻都曾经大放异彩，可惜的是，就是这样一个不可多得的人才，人生晚景凄凉悲惨，死后许久才得到历史的承认。

在美国军事情报工作的历史上，有一个人的影响可以用"无可替代"来形容。他就是美国军事情报处（美国国家安全局的前身）和"美国黑室"（专门负责破译情报部门获得的密码信息）的创建人赫伯特·奥利弗·亚德利。他因为超强的密码破译能力被业内誉为"美国密码之父"。

此人与中国的渊源很深，曾经在抗日战争中给予了中国情报工作很大的帮助。

赫伯特·奥利弗·亚德利的一生充满传奇色彩，仅仅其在中国破译日本密码的经历就可以写成一部书，事实上，赫伯特·奥利弗·亚德利后来回国后还真的把其在中国的经历变成了铅字。细细阅读他的密码破译生涯，就会对上个世纪的密码世界有一个完整的认识。

赫伯特·奥利弗·亚德利出身普通家庭，他从小就对数字感兴趣，展现出了分析推理方面的天赋。第一次世界大战前夕，亚德利当上了印第安纳州铁路电报员的工作。在这里，他接触到了莫尔斯电码及与密码相关的许多知识。刚刚18岁的他不甘心一辈子只为别人发报，于是第二年，赫伯特·奥

▲ 赫伯特·奥利弗·亚德利的老照片

图为美国白宫照片

利弗·亚德利辞去了工作,来到华盛顿,应聘了美国政府国务院密码服务员的工作。这份工作年薪只有900美元,但能够每日与密码为伍,亚德利还是很喜欢。

当时一战已经打开,但美国政府执行"中立"政策,不介入战争,亚德利这份密码员的工作显得相当清闲。没有实战,亚德利就把时间都投入到了对密码技术的研究上,他还对世界主要强国使用的密码给予了关注,例如日本、德国及英国的密码体系。正是在这

图为美国国防部所在地——五角大楼照片

段时间打下的基础,为其日后辉煌的密码破译生涯做好了准备。

在为美国政府工作两年之后,赫伯特·奥利弗·亚德利已成为美国密码分析界的大师。当时的美国在密码加密方面很落后,与欧洲军事强国无法相提并论。亚德利对这种状况有着清醒的认识,并且经常对此表达不满。他的上司对赫伯特·奥利弗·亚德利的这种态度很厌烦,认为这个年轻人不知天高地厚。有一次,在上司拒绝接受自己的批评后,亚德利决心用一次试验来证明自己的观点。

赫伯特·奥利弗·亚德利利用业余时间,只用了几个月,就解开了所有正在使用的美国密码,然后写出一份题为《美国外交密码破解说明》的报告。在报告中,他强调以美国密码的现状,欧洲同行肯定能轻易破解美国密码。年轻气盛的亚德利把报告呈交上去，这位上司就是编制这套密码的人，他惊讶之余，又气急败坏指责亚德利是在胡闹。亚德利胸有成竹，为了进一步证明自己，他索性孤注一掷，放肆地打开上司的保险柜，拿出密码本与其对证。结果是亚德利赢了，这份密码组合方法正如亚德利所说——是根据威尔逊总统未婚妻的电话号码设置的。

↑ 第一次世界大战老照片

这件事情很快在美国军方传得沸沸扬扬，一时间，亚德利的威名被许多美军领导得知。此时，美国正式参加一次大战，亚德利被美国陆军情报局局长范登曼上校相中。他专门成立一个全新的军事情报处（MI8），为亚德利服务。不久，亚德利被派到法国前线，从此开始了他在美国情报史上最辉煌也是最具悲剧色彩的生涯。

法国当时拥有世界上最先进的密码编译机关——法国"黑匣子"电报处。亚德利来到法国前线后，他按照"黑匣子"的模式，建立起自己的工作部门，并培养了一批骨干密码专家。1918年，在他的领导下，小组奇迹般地破译了德国用来与法国境内间谍联系用的密码。最终，所有被派到法国的德国间谍都被协约国抓获，这是亚德利在实战中第一次光辉的战绩。

一战结束后，亚德利所在的MI8被包装成商业咨询公司，由美国国务院资助，继续为美国政府服务。此时的日本开始在世界上崛起，显示出独霸东亚的野心，并大肆扩充海军，美日互相将对方

↑ 日军的"大和号"战列舰

视为潜在的头号假想敌。美国国务院要求亚德利领导的"黑匣子"把工作重心放在破译日本外交密码上。这一次，亚德利又展现出了其过人的密码天赋。日本使用的密码非常复杂，特别是日本外务省的最高级无线电报经过特殊的加密机处理，密文以拉丁字母来表达日文词汇。但亚德利还是用了两年时间就把它们全部破译。

破译日本密码的直接结果在1921年华盛顿海军军备限制大会得到了体现。由于美国政府提前知晓了日本的密码，美国谈判代表、国务卿休斯知道了日本人的底线，对日本在此次大会上的动向和意图了如指掌。休斯与日本代表针锋相对，向其发出最后通牒："若是日本再顽固坚持原有立场，那么日本造一艘战列舰，美国就造四艘！"面对威胁，日本人终于屈服了。这个结果后来产生了巨大影响,日本不得不将十几艘已送上船台的战列舰拆毁,休斯也因此获得"靠嘴皮子击沉日本海军"的威名。

在华盛顿谈判中的出色表现,巩固了亚德利作为"密码魔术师"的地位,却没能保住他的"黑匣子"。由于经费不足,亚德利有时也会接手一些民间的密码任务,比如为客户调查丈夫在外偷情。1929年,保守派人士史蒂门森出任美国国务卿,他对亚德利的这种做法很反感,于是下令关闭了"黑匣子"。失业的亚德利为了养家糊口,写了一本名为《美国的黑匣子》的畅销书,书中暴露了美国情报机关的一些秘密。这招致了政府的报复,把他告上了法庭,并且在以后的日子里一直对他持不友好的态度。这场官司还在美国确立了一项极具里程碑意义的裁决:任何政府工作人员在出版著述前,都必须将原稿交由政府审查通过后才能发表。

随后,在国内郁郁不得志的亚德利经过中间人的介绍,远渡重洋来到中国,为国民政府从事密码破译工作。由于其对日本密码体系很熟悉,到中国不久,他就帮助中国破译了日军密码,抓住了隐藏在政府中的汉奸,保卫了

国内翻译的亚德利所写的其中国破译经历的书

战时陪都重庆。

1940年7月，亚德利回到美国。半年多后，日本偷袭珍珠港，亚德利主动提出为美国政府服务，继续破译日本密码。但美国政府对亚德利的热情却置之不理，因为当年出版《美国的黑匣子》一事仍然余波未平，没人愿意冒这个风险。无奈之下，亚德利只好去加拿大寻找新工作，1942年4月，他来到加拿大皇家陆军，帮助加拿大提高自己的密码破译技术，可美国政府随后施加压力，亚德利只干了不到半年便被解除职务。最后，走投无路的亚德利只在美国联邦政府物价管理办公室谋得一个低级职务，其密码天赋根本无从施展。

战后，亚德利成为一个无名之辈，每日过着与普通人一样的生活。失意加上过度酗酒，亚德利于1958年因病去世。直到1968年，美国军事情报部门领导人才以完全的军人礼节，将亚德利迁葬阿灵顿国家公墓内。而这位美国密码之父的传奇故事，也被更多人所熟知。

美国国家安全局

美国国家安全局，英文写法National Security Agency，英文缩写NSA，中文简称美国国安局或者国安局。是美国政府机构中最大的情报部门，专门负责收集和分析外国通讯资料，隶属于美国国防部，是根据美国总统的命令成立的部门。

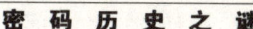

二战英德密码大战之谜

> **观点**：英德两国在二战中展开了有史以来最大规模的密码战。可以说，二次世界大战中，看不见的密码较量，比硝烟弥漫的前线战争更为精彩和刺激。

在整个密码的历史上，ENIGMA密码机的发明称得上是一件具有里程碑意义的事件。众所周知，在ENIGMA发明之前，不论多么高级巧妙的密码，所有密码都是使用手工来编码的。手工编码的缺点在大规模战争中逐渐显示出致命的弱点——发送信息的效率极其低下。战争时传递信息需要既保密又快速。当大容量的信息需要快速发出时，手工编码无法胜任，除非有大量的人力支持。此外，效率低下的手工操作也使得许多复杂的保密性能更好的加密方法不能被实际应用，而简单的加密方法根本不能抵挡飞速发展的

↑ ENIGMA 密码机

解密学的威力。无论是军方还是民用商业,世界都需要一种可靠高效的方法来保证通讯的安全。

1918年,一个德国人注意到了这一点。亚瑟·谢尔比乌斯(Arthur Scherbius)对手工编码的效率低下深有感触,他曾在汉诺威和慕尼黑研究过电气应用,对当时刚刚兴起的电子技术有深刻了解。他认为,可以用二十世纪的电气技术来取代那种过时的铅笔加纸的加密方法。简单说,他想发明一种机器,可以高效安全地取代手工编码的工作。

为了实现这个想法,亚瑟·谢尔比乌斯创办了一家公司,并很快研制出了一种机器。谢尔比乌斯为这种全新的机器取名为"ENIGMA",中文的意思是"迷"。这种ENIGMA机器外表看上去就是一个装满了复杂而精致的元件的盒子。由键

ENIGMA密码机上的转子

盘、转子和显示器三个部分构成。用几句话是无法说清这种机器工作的效率，但有一个数据可以说明它编码的效率及威力。德军升级后的ENIGMA改进了连接板装置，理论上，三个转子不同的方向组成了 26*26*26=17576 种不同可能性；三个转子间不同的相对位置为 6 种可能性；连接板上两两交换 6 对字母的可能性数目有 100391791500 种；如果有需要，这种 ENIGMA 机器可以提供 17576*6*100391791500，大约为 10000000000000000，即一亿亿种可能性。在这巨大的可能性面前，一一尝试来试图找出密匙是完全没有可能的，这使得暴力破译法（即一个一个尝试所有可能性的方法）在机器面前无可奈何。

↓ 德军在前线使用 ENIGMA 密码机

遗憾的是，亚瑟·谢尔比乌斯发明了这种机器之后，当时还没有人真正意识到它的价值。这种机器售价大约相当于现在的 30000 美元，没有人愿意为此付出这么昂贵的金钱。

此时，德国军方却注意到了这个新颖的发明。一战中，德国饱尝密码被盟军截获破译的痛苦。用他们自己的话说："由于无线电通讯被英方截获和破译，德国海军指挥部门就好像是把自己的牌明摊在桌子上和英国海军较量。"为了避免再一次陷入这样的处境，德军对谢尔比乌

↑ 盟军通过收买情报，获得了 ENIGMA 的原始资料

斯的发明进行了可行性研究，最终得出结论：必须装备这种加密机器。从 1925 年开始，谢尔比乌斯的工厂开始系列化生产 ENIGMA，次年德军开始使用这些机器。除了军方，德国的政府机关、国营企业、铁路部门等也开始使用 ENIGMA。为了保密，这些商用型号的机器与军方使用的不同，商用型机器的使用者不知道政府和军用型的机器具体是如何运作的。

德国人在 ENIGMA 上的投入是巨大的，十年间，德国军队总计装备了约三万台 ENIGMA。陆海空各部队都有独立的使用方法与编制程序，德国在外界没有注意到的情况下建立了可靠的加密系统。

此时，只有一个国家对德国的这种行为保持了警惕，一战中饱受德国侵略之苦的波兰时刻关注着自己身边这个危险的邻居。他们注意到 ENIGMA 的高效与高保密性能，开始偷偷搜集相关的资料，研究这种机器。至于英国法国，这些一战的胜利国家认为德国不会发展武装，对 ENIGMA 的使用也毫不关注。

当二战打响之后，英国法国的大意让他们一上来就吃了大苦头。二战开始时，德军通讯的保密性马上显现出威力，一条条犹如天书的密电不断在战场上被截获,但没人能够破译。可以说,ENIGMA 在纳粹德国二战初期的胜利中起到的作用是决定性的,在 1942 年之前,装备了英格玛的德国潜艇部队一共击沉了盟军舰船 1000 余艘,由于短时间内不能破译德军密码,盟军在北大西洋的军事补给线面临着灭顶之灾。

此时,盟军亡羊补牢,开始重视 ENIGMA 机器的破译工作。问题是,德国人的保密工作做得如此之好,根本无法得到 ENIGMA 的具体资料。所幸的是,一个德国人的贪婪,使得英国在破译德军密码方面有了转机。

一个名叫汉斯提罗·施密特的德国人为了获取金钱利益,将有关 ENIGMA 机的资料出卖给了盟军方面。这名在德国密码通讯机构——密码处(Chiffrierstelle)工作的德国人在比利时的一间旅馆里向法国情报人员提供了两份有关 ENIGMA 操作和转子内部线路的资料。事后他得到一万马克。靠这两份资料,早就对 ENIGMA 有研究的波兰人复制出了两台 ENIGMA 样机。但是单单得到这些是不够的,必须要知道当日通讯的密钥。

为了解决大运算的破译密钥的工作,英国于白金汉郡的布莱切利公园(Bletchley Park)里成立了代码及加密学校,这是归属于 40 局的新设机构。就是在这里,二战中最富传奇色彩的密码大战开始打响了。一开始在布莱切利公园工作的只有大约二百人,可是到了五年后战争结束时,城堡和小木屋中已经多达七千人!

在整个战争过程中,ENIGMA 机被不断改善,英国的破译人员也不得不

⬇ 照片上的人就是大名鼎鼎的密码天才阿兰·图灵

↑ 在英国的不断努力下，ENIGMA 终于被成功破译

随时改变破译手段。英国人能够在战争期间成功地持续破解 ENIGMA 密码，关键就在于这些破译人员中有各行各业的精英与天才。这其中，贡献最大的人就是阿兰·图灵（Alan Turing）。

图灵进入布莱切利公园工作后，对破译德军的 ENIGMA 机做出了卓越贡献。战争进入中期后，英国人研制的密码破译机器"炸弹"就是建立在图灵机基础上的。"炸弹"说简单点就是一台反向运作的"ENIGMA"机，它的作用就是利用远超手工计算的效率来找出德军 ENIGMA 机每日使用的密钥。1940 年 3 月 14 日第一台运抵布莱切利公园，这台机器起初要一个星期才找得到一个密钥。工程师们花了很大的努力来改善"炸弹"的设计，然后开始制造新的"炸弹"。到后期，经过改进的一台"炸弹"可以在一小时里找到一个密钥。

德军对英国的破译工作毫不知情，仍然认为他们的密码系统是坚不可摧十分安全的。事实上，德国人的计划和行动已经暴露无遗。如果德军计划一次进攻，英军就可以采取相应的增援或撤退措施；更妙的是，如果德国将军在他们的电报中争论己方的弱点，英国军队就可以采取德国人最担心的计划。在英伦战役之初，密码分析人员准确预告了德军轰炸的时间和地点，并且取得了德国空军（Luftwaff）极为宝贵的情报，比如飞机的损失情况，新飞机的补充数量和速度等。这些情报被送往 M16 的总部，再由那里转送战争部、空军部和海军部。

毫无疑问，布莱切利公园的密码分析专家大大地加快了战争的进程。历史学家估计，如果没有英国破译 ENIGMA 的因素，战争很可能要到 1948 年，而不是在 1945 年，才能结束。如果是这样，希特勒将能够更大规模地使用 V1 和 V2 飞弹对整个英国南部进行轰炸。2001 年 7 月，一个纪念这些功臣的基金会在布莱切利公园安放了一块基石，上面刻着丘吉尔的名言："在人类历史上，从未有如此多的人对如此少的人欠得如此多。"这是为了纪念所有在破译 ENIGMA 的行动中做出贡献的人们。

中国密码英雄——池步洲生涯之谜

观点：他拥有一连串耀眼的头衔——"蒋介石的王牌"，"中国的密码天才"，"破译日本偷袭珍珠港的第一人"，"狙杀山本五十六的真正英雄"……他就是中国的密码天才池步洲。

谈起世界历史上著名的密码破译专家和破译事件时，有一个人不得不提，他就是当时在国民党军委会技术研究室任职的密码天才池步洲。他在二战中作出的非凡贡献，几乎可以抵得上10万部队，而其连续破译日军重大密码情报的故事，更是被人津津乐道，难以忘怀。

◐ 民族英雄池步洲与妻子合影照片

↑ 卢沟桥事变老照片

　　池步洲1908年出生在福建省闽清县三溪乡溪源村的一个贫寒家庭，由于家境贫困，池步洲自幼没有上学。直到10岁的时候，他的五哥和五嫂提供了一些资助，池步洲才得以上学。聪明勤奋的池步洲只用了3年时间就完成了全部小学课程，之后考入福州英华书院（今福建师范大学附属中学）。读完中学后，在1927年前往日本留学，先是在东京大学机电专业学习。毕业后（1934年春），又在早稻田大学工学部学习。在这期间，池步洲遇到了一位日本姑娘白滨英子，两人日后结为夫妻，相伴终生。

　　池步洲结婚后，生活本来平静幸福，但是，1937年卢沟桥事变爆发，抗日战争正式开始。满怀爱国热情的池步洲坚持回到中国抗日，深明大义的妻子不惜与自己的家庭决裂，也要跟随丈夫去中国。1937年于7月25日，池步洲携妻及三个子女自日本东京赴神户，再搭乘轮船返回中国上海,开始了他富有传奇色彩的密码破译生涯。

池步洲从日本回国后,投奔了南京国民政府。在南京寻找工作的时候,偶遇当年的留日同学陈固亭。陈时为陕西省政府社会处处长,经陈固亭的介绍,池步洲进入中央调查统计局,编入总务组机密二股,侦收日军密电码,以便进行研译。池步洲是当时中统局机关内唯一的留日学生。

刚刚在机密二股开始工作之时,池步洲年仅30岁,经验尚无。但是他虚心好学,谨慎细心的性格帮了他大忙。在工作过程中,池步洲通过统计发现,日军密电基本是英文字母、数字、日文的混合体,字符与字符紧密连接,多为(MY、HL、GI……)。池步洲作了进一步的统计,发现这样的英文双字组正好有十组。在密电体系中,经常被使用而又恰巧十组的极可能就是0-9的10个数字。

发现以上规律,池步洲紧接着做了一个大胆的猜想:他将这十组假设的数字代码使用频率最高的MY定为"1",把频率最低的GI定为"9",按序排出了一个密码与数字的对应表。为了验证自己的推测,池步洲把截获的日军密电中可能代表交战军队中的部队番号和兵员数目等数字的密码抄下来到部队进行核对。果不其然,他的这种推测还真不断得到了验证。由此,池步洲找到了越来越多的突破口。除此之外,熟悉日文和日本文化的池步洲结合密码中的许多隐语,如"西风紧"表示与美国关系紧张,"北方晴"表示与苏联关系缓和,"东南有雨"表示中国战场吃紧,"女儿回娘家"表示撤回侨民,"东风,雨"表示已与美国开战……顺藤摸瓜,最终破

反映池步洲先生密码破译生涯的书籍

译出一份份日本军部大本营发出的密电。

　　这种看似技术含量不高的破译方法，其实才最考验密码破译人员的能力。众所周知，密码加密的方法千奇百怪，想要寻找到其中的规律可谓是大海捞针，更何况高级的加密方法是层层加码层层推进。池步洲于大量繁复的资料中寻找细微的变化，透过现象看到本质，及时大胆地推测和总结规律，这就是一个密码人员最可宝贵的素质和能力。

　　另一个证明池步洲密码破译能力的事情就是破译日本外务省电码。在中统情报机构服务的时候，池步洲经常收到许多一个字也看不懂的密电。

　　一开始，他以为这是日本陆军或海军的密电。因为因系

● 1941年，日本袭击珍珠港

统不同，日军的陆海空军的密电码差别很大。其中，陆军的密电码最难破译。整个抗战期间，日本陆军与海军的密电码始终未被破译过。后来，池步洲发现了一个规律——许多电报的收报地址遍布全世界，从报头的TOKYO判知它是发自东京。池步洲判断，这很有可能是日方的外交电报。由于精通日语，很快，他逐渐破译了一些字词，再根据日语的汉字读音，顺藤摸瓜，又破译出一部分相关字，直至整篇电文全部破译。

找到了破译的关键所在，从1939年3月起，池步洲用了一个月时间，把所有之前截获的日本外务省发出的几百封密电全部破译出来。被破译的密电，其特点是以两个英文字母代表一个汉字或一个假名字母，通常都以LA开头，习惯上即称之为"LA码"。池步洲的这个破译堪称奇迹，要知道，破译如此级别的密码，今天就是使用计算机，也要花费相当时间，而池步洲在不到一个月就大功告成，这不能不说是破译密电史上的一桩奇迹。事后，军政部为了表彰池步洲，还给他颁发了一枚奖章。

真正让池步洲声名大振的，还是其著名的破译"日本袭击珍珠港"的密码事件。

1940年4月1日，池步洲进入国民党军委会技术研究室工作，主要的工作重点还是破译日军密码。1941年5月，池步洲在破译的日本外交密电中，发现日本外务省与檀香山日本总领事馆的往来电报数量突然剧增。池步洲对这个现象很关注，他浏览这些密电，发现电报内容很多都是外务省要求檀香山日本总领事馆报告美军舰艇在珍珠港的数量、舰名；停泊的位置；进、出港的时间；珍珠港内美军休息的时间和规律；夏威夷气候情况等。池步洲初步分析，认为日军重点关注这里，很可能未来要在此采取军事行动。1941年12月3日，池步洲又截获了一份由日本外务省致驻美大使野村的密电：1、立即烧毁一切机密文件。2、尽可能通知有关存款人将存款转移到中立国家银行。3、帝国政府决定按照御前会议决议采取截然行动。池步洲在破译稿上作了两点估计：一、日军将要发动战争,时间可能在星期天;二、袭击的地点可能在日军之前早有了解的珍珠港。这份电稿最后呈报到蒋介石那里,他看后,立即向美军通报。4天后,震惊世界的日军偷袭珍珠港美军基地事件如期发生。

据后来解密的二战资料显示,美国人当时显然把池步洲提供的这个情报看做是个奇怪的奇思异想,他们不相信中方具有获得这种重要情报的能力,于是对此信息未加理睬。还有人说是罗斯福总统忍痛牺牲的苦肉计,以此来激怒国内从而尽快形成向日本开战的局面。总之,池步洲破译的这份密电,令盟军对中国的密码破译机构刮目相看。

除此之外,在后来的时间里,池步洲又破译了大量日本密电,提供了大量有价值的情报。1942年10月,池步洲破译了一份截获的日本密电,内容是缅甸基地的日本空军将轰炸印度加尔各答。中方当即通知英国驻印度空军总部,英国空军在中途截击,全歼日机。还有一次,孙科到外地公干,消息被日方探知,密令日机在重庆的中途拦击。密电被池步洲破译,立即通知孙科。孙科此时已到机场准备登机,得知消息后悄然返回。后来,此机果然在

⬆ 图为孙科照片

中途被日机击落，机上人员全部牺牲。可以说，池步洲运用自己的聪明智慧和辛勤努力，为反法西斯战争立下了汗马功劳。

由于情报工作的特殊性，美国和国民党政府都对各自的情报工作保密，也从未公开池步洲在抗战中的贡献。抗战结束后，池步洲反对内战，不愿继续从事密电码研译工作，转到上海中央合作金库上海分库从事金融工作。上海解放前夕，他自问一生清白，不愿继续追随蒋介石政府，拒绝撤退台湾。在人生的暮年，池步洲携家人赴日定居，安享晚年。

卢沟桥事变

又称七七事变，七七卢沟桥事变，是1937年7月7日发生在中国北平的卢沟桥（亦称芦沟桥）的中日军事冲突，日本就此全面进攻中国。七七事变是日本帝国主义为实现它鲸吞中国的野心而蓄意制造出来的，是它全面侵华的开始。

密码战争之谜

- 神秘的ADFGX密码之谜
- 女裙下的密码之谜
- "北极行动"中的密码大战之谜
- 美军狙击山本五十六之谜
- 风语者——纳瓦霍语密码之谜
- 二战美日密码大战之谜
- 中美合作智破日本间谍密码之谜

神秘的 ADFGX 密码之谜

观点：1918年，第一次世界大战进入尾声，不甘失败的德国集合了同盟国的最后力量，力图毕其功于一役，希望在这年的春季开始打一场翻身仗。德国人研究出了一种全新的密码，使得协约国的情报人员束手无策，不知德军的具体部署动向。就在这危急关头，一位年仅29岁的法国人，居然凭一己之力破译了这种全新密码，挽救了整个战事……

1917年4月，第一次世界大战出现了最大转折。由于这一年德国又开始在公海用潜艇袭击过往的商船。美国利用这个借口参战，并很快组织远征军投入欧洲战场，美国参战后原本中立的拉美国家纷纷对同盟国宣战。同年8月，中国也对德奥宣战，并派遣近20万劳工到欧洲修筑工事。两个集团的力量平衡开始打破，战局对同盟国越来越不利。

到了1918年年初，德国战争力量已近枯竭。为了挽回日趋不利的局面，德军集中了近五百万人的兵力，盘踞在大巴黎外围，一场大决战一触即发。3月中旬，协约国的英法联军也频繁调动兵力，以抵御德军进攻。此时的无线电截获与解密工作显得尤为重要，因为双方都想知道对方的真实意图，提前做好军事准备。

就在此时，法军截获了一份德军电报，电文中

◆ 一战时的中国劳工团

↑ 一战时德军威力巨大的克虏伯大炮

的所有单词都由 A、D、F、G、X 五个字母拼成。这是一份之前从未见过的采用全新密码加密的电报，明显是德军最新研发的密码成果，而此时起用这个杀手锏，很可能预示着德军将发起一场决定战争胜负的攻势。法国人本来就对对面的德国重兵充满忌惮，而这个新密码更是让法军坐立不安。必须要马上破译这种全新的密码，由于电报所有单词都由 A、D、F、G、X 五个字母拼成，法国人称其为 ADFGX 密码。

　　法国人的担心不是多余的，事实上，这种 ADFGX 密码正是 1918 年 3 月由德军上校弗里茨·尼贝尔发明的。它是结合了 Polybius 密码和置换密码的双重加密方案。Polybius 密码是一种非常经典的古典密码，也称棋盘密码，是利用波利比奥斯方阵 (Polybius Square) 进行加密的密码方式，产生于公元前两世纪的希腊，相传是世界上最早的一种密码。

　　德军上校弗里茨·尼贝尔之所以选择这五个字母，是因为它

○ 一战中的法军自行火炮

们译成摩斯密码时不容易混淆,可以降低传输错误的机率。德国人的这种新密码,确实非常高明,因为所有信息,如今只用5个字母就可以全部表示。其密码转换的原理可以用下面这个例子来说明:

假设明文为:A T T A C K A T O N C E

先用 Polybius 棋盘变换为:AF AD AD AF GF DX AF AD DF FX GF XF,接着,利用一个移位密钥加密。假设密钥是"CARGO",将之写在新格子的第一列。再将上一阶段的密码文一列一列写进新方格里。

最后,密钥按照字母表顺序"ACGOR"排序,再按照此顺序依次抄下每个字母下面的整列讯息,形成新密文:FAXDF ADDDG DGFFF AFAXX AFAFX。到了1918年6月,德军又加入一个字 V

扩充。变成以 6×6 格共 36 个字符加密。这使得所有英文字母（不再将 I 和 J 视为同一个字）以及数字 0 到 9 都可混合使用。

再说回法军截获的这份电报上来。这份 ADFGX 密电被送到了法军密码局密码分析员乔治·潘万中尉那里。也正是这个当时只有 29 岁的年轻人，用其超凡的智慧迅速破译了密码，挽救了整个协约国的战事。

乔治·潘万于一战爆发以前被调进 Bureau du Chiffre（法国陆军部密码局）工作。刚来的时候，这个聪明的年轻人并不喜欢密码分析的工作。

但是，随着开战以后，战争态势不断变化，他渐渐喜欢上了分析密码，并很快展现出在这一领域的天赋，成为了密码局里面可以独当一面的高手。

⊙ 图为一战时德军使用集束手榴弹进行攻击

很多截获来的德军电报被送到他这里,并最终得到破译。

这一次,乔治·潘万看着这份只有 5 个字母构成的电报,他知道这一次麻烦大了。从截获的第一份使用 ADFGX 加密的电文中,潘万毫不费力地猜到了对方使用的是棋盘式代替密码。因为只有这种密码才能只用五个密文字母来代替所有的明文字母。但潘万通过对其中字母的频率进行统计,发现情况并不像想象的那么简单。他估计这种密码是在棋盘式代替的基础上又作一次换位变换。就是说,这是一种双重加密的密码,如果只有一份截获的电文,是无法纯粹依靠人的大脑来破译的。

幸好,3 月 23 日,德国人开始了对联军的进攻,其后续的电文也被法军不断截获。到 4 月 1 日,法军共截获了 18 份用 ADFGX 加密的电报。潘万把所有这些电文放在一起,发现电文中的某些部分十分相似。他抓住这一点,通过对两

◐ 马恩河战役中的德国 Fokker Dr.I 战斗机

份开头相同的密文的对比研究和详细的频率统计的验证，首先破译出棋盘的密钥。最后，乔治·潘万根据频率统计规律，最终破译出长达二十位的换位密钥。连续工作了 48 小时后，这名年轻人终于掌握了破译这种密码的基本方法。接下来的事实证明，他的破译思路及方法是完全正确的。

到了当年的 5 月份，德军在埃纳河地区实施进攻后，形成正面 80 公里、纵深 60 公里的马恩河突出部。随后，德军统帅部计划在马恩河地区集中 3 个集团军的兵力，从蒂耶里堡、埃纳河地段突破协约国军队防线，尔后向巴黎发动进攻，以夺取战争的胜利。法国第 6、第 5 和第 4 集团军采取纵深梯次配置组织防御，并准备适时转入反攻。两军在马恩河地区都布下重兵，剩下的就看谁能准确判断对方的下一步意图了。

此时的德军在原来的 ADFGX 密码之上又多了一个字母——V，也就是说德国人将他们的棋盘扩大为 6*6 了，从而实现直接加密，使得这个密码在理论上进一步完善了。一直密切追踪德军密码动向的乔治·潘万又很快破译了这个密码，其破译原理也在法军密码分析部门得到应用。

6 月 1 日，潘万又破译当天截收的三份相似的电文，在这次破译中，他找到了德军 6 月 1 日新的棋盘密钥和换位密钥。这是一个了不起的成就，因为两天后，这个成果破译了一份具有决定意义的德军电文。6 月 3 日凌晨 4 时 30 分，法军截获了一份密文电报。无线电测向表明这份电报发自德军统帅部，收方是位于雷马奇的德军 18 集团军参谋部。这无疑是非常重要的电文，一位名叫吉塔尔的密码分析员用潘万 6 月 1 日破译的密钥破译。译后的明文清清楚楚写道：速运军需弹药如不被发现白天也运。

情报官们马上意识到，电报中提到的弹药很可能就是德军准备进攻所用，而收报单位所在地就是德军的进攻主方向。这份情报太珍贵了，它给法军指明了重点防御的地方。法军利用这宝贵的时间，立即开始调集部队加强防线，于蒙迪迪埃至贡比涅之间布下重兵。

一战中的比利时炮兵

事实果然不出法军所料,德军接下来的进攻与法军猜测的一模一样。6月9日拂晓,德军15个师发起了冲击。然而,提前六天得知秘密的法军早已进行了有效的防护,严阵以待。德军进攻失利。这一仗,德军最精锐的部队损失惨重,形势向有利于协约国的方向发展,历史发生了转变。

而破译密码的潘万,此时却因为心力交瘁住进了医院。从4月份开始,这名年轻人连轴转不停工作。在破译密码的时间里,他体重减轻了15公斤,各项生命指标也严重失常,不得不在医院里休养了六个月。事后,他骄傲地说:(对ADFGX/ADFGVX的成功破译)

不可磨灭地铭刻在我的心中，在我的一生中留下了极其光辉和卓越的印象。

而那位发明密码的德国的上校弗里茨·尼贝尔，战后对自己的心血结晶被协约国同行成功破解一事，非但没有异常恼恨，反而惺惺相惜，慷慨地给予了相当高的评价：我认为，ADFGVX密码的保密性很好，可惜根本没有想到，我们会遇上潘万这样一个聪明绝顶的高手。

马恩河会战

第一次世界大战期间，协约国军队同德军于1914年和1918年在法国马恩河地区进行的会战。以法军击退德军告终。马恩河战役使德军包抄法军的计划失败，德国在西线速决战略破产，总参谋长毛奇被德皇威廉二世撤职，改由法金汉担任。

女裙下的密码之谜

观点：特工、间谍在从事情报工作的时候，其传递情报的手法与技术可谓五花八门各显神通，只有想不到，没有做不到。为了不让敌方发现真实信息，密码科技人员绞尽脑汁，想出了很多匪夷所思的点子。

密码的首要功能，就是它的隐秘性。各国情报机构，都有自己的密码研发部门。二次大战中，德国的情报机构突发奇想，居然利用"女装设计图"传递情报。这次经典的密码隐藏事件，前不久被英国政府正式解密，向世人透漏了战时情报工作的一个方面。据路透社报道，英国安全局近日解密的一批文件，首次向世人展示了英国情报部门破译德国"裙中密码"的事件。

二战期间，德国特工在英国大肆活动，搜集有关英国政府的所有军事、经济及社会情报。特工在收集到有价值的情报后，将这些情报传递给他们的负责人，从而决定作战方针。当间谍对获取的情报进行处理后，他就必须想方设法把情报传递给上级部门。

● 二战中令盟国头疼不已的德国 ENIGMA 密码机

从古至今，谍报人员想出各种各样的情报传递方法，包括让联络员直接传送；使用物体携带情报进行传递，还有用牲畜传递情报等等。德国特工传递情报也遵循"最不起眼之处蕴藏玄机"的原则，他们把密码隐藏在各种各样的看似平常的地方。有一次，英国的检查员截获了一张设计图纸。这张设计草图上是3位年轻的模特，穿着时尚的服装。表面上看起来，设计草图很寻常，就是普通的服装设计图,但细心的检查人员还是看出来端倪。就在这张看似"清白"的图纸上,英国反间谍专家们识破了特工的诡计,命令密码破译员和检查员迅速破译这些密码。

原来,德国特工利用莫尔斯电码的点和长横等符号作为密码,把这些密码做成装饰图案,藏在图上诸如模特的长裙、外套和帽子等图案中。只要把这些图形密码按照莫尔斯电码的规律识别,整张设计图就是一份电报——英方最终从这张设计图纸上密码破译员们读出了这样的信息——

"大批敌方援军随时可能到来。"。

除了隐藏在服装设计图上的信息,他们还会把密码藏在活页乐谱、象棋棋谱以及速记符号里面。这些带密码的情报被伪装成普通书信。德国特工运用各种巧妙的传递情报的方法,例如为了把情报伪装得"天衣无缝"从而顺利寄出,他们采用了隐形墨水密写、针刺小孔以及字母的凹进等惯用伎俩。德国特工利用这些手段,告知上级盟军的活动、轰炸式袭击和军舰建造的具体细节。德国特工还利用字母表"作弊"。看起来只是一份普通的信件,但把每个单词的第一个字母拼起来,就是一封"机密情报"。盟军情报人员和解码专家不放过任何一个细节,但最终还是有一些情报顺利被德国方面获知,这也反映了当时谍报战的激烈残酷和情报人员无穷无尽的智慧。

说到间谍隐藏密码的本事,真可谓是无所不用其极。二战时,盟军特工就曾经想到了一个绝妙的传递介质。他们将李子干里填满地图或其他秘密文件,偷偷携带给关押在集中营中的囚犯,以便为他们日后越狱提供回家路线。据知情人士透露,当时的特工们将坚硬的李子干用水泡软后挑出果核,再小心翼翼地将用蜡纸包裹好的秘密纸条卷好放进果子里,这些纸条上详细绘制了欧洲铁路线。纸条放入后,特工再将李子晒干,并装入食品袋中送给狱中的囚犯,帮助他们越狱后找到回家的路。尽管当时集中营的管理人员仔细检查所有送入集中营的物品,但这些李子干还是瞒天过海,顺利送到

↑ 女裙服装设计草图中也能隐藏密码

↑ 莫尔斯电码与字母对照表

↑ 伪装成打火机的间谍窃听器

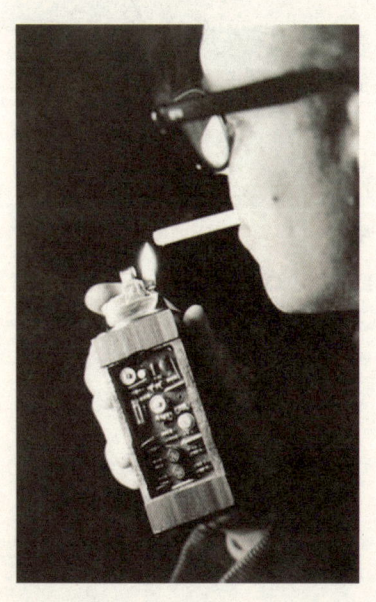

囚犯手中,并且在日后发挥了巨大作用。战后,这些李子干为英国女间谍多琳·穆洛所收藏,并由其侄孙理查德·马歇尔保管至今,成为证明当时谍战的一个物证。

德国特工的"女装密码",是隐藏情报的一种方法。早期的间谍,大多通过密写的方式隐藏信息。

除了密写和利用掩护传递情报,窃听及偷拍也是当代间谍掌握的最基本技术。2004年10月,美国情报部门曾展示过一种"口香糖无线电窃听器",该窃听器重约6克,从外表看和普通的口香糖一模一样,但里面却另有玄机,装置的电子器材可以将情报源源不断地发送出来。近年来,随着电脑的广泛应用,各国情报机构又将目光瞄向"键盘窃听"。当人们敲击电脑键盘时,它们发出的声音是独特并且有规律的,利用"键盘窃听"技术,情报人员可以成功地还原出电脑录入的内容及信息。

利用特殊相机窃取情报也是各国间谍们最常用的手段之一。到目前为止,最精巧的微型间谍照相机是由德国人制造出来的,它只有一粒纽扣大小,一次可以拍摄6张照片,并可多次循环使用。俄罗斯情报部门则研制出一种手表照相机,间谍们可以伪装成看时间,从而对目标进行拍照。

有照相机,就得有胶卷。微型胶卷就是间谍存储情报的重要手段。大容量的数据可以缩微到非常小、几乎无法检测的胶片里。在冷战时期,各国情报部门大量使用微型胶卷携带情报,它本身的体积很小,要藏起来也

🔵 小巧易于隐蔽的间谍照相机

很容易。间谍们往往把微型照片藏在邮票的后面或者是夹在明信片的夹层里，普通信件就成了传递绝密情报最安全的方法。

随着科技的发展，越来越多的技术手段也被应用到了间谍战中。前几年闹得沸沸扬扬的英国俄罗斯间谍案就是这样一起例子。

🔽 间谍手枪照片

英国间谍在俄罗斯活动，利用公园一块不起眼的"石头"来从事情报传递。俄罗斯特工注意到他们重点监视的一位英国间谍经常去一个公园，这位间谍到了公园从不与任何人接触，只是坐在长椅上玩一台笔记本电脑。周围既无接头的别人，也没有可疑的车辆。俄罗斯特工长期跟踪，虽然找不到这位间谍的纰漏，但总觉得事情可疑。最后，他们发现这名间谍每次到公园总是坐在同一个长椅上。恍然大悟的俄罗斯特工赶紧检查长椅及其周围的物品，最终发现了这块经过伪装的"电子石头"。

据俄罗斯联邦安全局称，这块"石头"中间全部被挖空，里面装有蓄电池和加密情报收发机。"石头"看起来很完整，没有任何孔隙，同时还涂有特殊的密封胶以防止雨淋及透气。俄罗斯特工称，这种"石头"的作用原理非常简单，英国招募的俄罗斯线人在约定时间来到街心花园，怀揣一台普通的掌上电脑，走过石头时，计算机会自动处理信息，把情报传送到石头内的电子接收装置，存入电子间谍档案。几天后，英国情报人员再前来收取情报，经过石头时同样借助掌上电脑读取情报。通过这种装置传递情报速度极快，在20米距离内2秒就能全部完成，"几乎无法阻止"。俄罗斯特工指出，这块石头的作用就像传统信箱一样，交接情报的人之间完全可以不进行直接接触。

密码的密写

密写是间谍最早的联络方法之一。即利用某些有机化合物或无机化合物对纸张的潜隐性能，在纸上写出眼睛看不见的文字，再通过一定的光、热、蒸气和化学的作用显示出字迹来的一种秘密的通信方法。

"北极行动"中的密码大战之谜

观点：这是一起非常精彩的二战期间德英两国的一场间谍战，最终，英国方面付出了沉重代价，而引发这一切的原因就在于英方工作人员忽视了密码情报中那一点小小的反常……

第二次世界大战期间，英国在各条战线与希特勒德国展开交战。其中，两国情报机构为配合作战进程，在隐蔽战线上也展开了惊心动魄的斗争。在这个过程中，英国人曾经上演了破译"奇迷机"的密码大战好戏，但是，也曾经遭受重大挫折。由德国情报机构——"阿勃韦尔"策划的"北极行动"就是这样的一个案例，这次行动使英国秘密情报机构——特别行动局在荷兰的间谍组织受到了毁灭性的打击。

↑ "北极行动"重创了荷兰的地下抵抗组织。

1941年秋天，纳粹德国秘密军事情报机关派遣少校赫尔曼·吉斯克司到德国军事占领区荷兰指挥反间谍活动，出任德国驻荷兰反间谍机构司令一职。

赫尔曼·吉斯克司到达荷兰后，经过几个月努力终于取得

↑ 发明了莫尔斯电码的美国人莫尔斯照片

突破性进展。一名打入荷兰地下抵抗组织的德国情报人员报告,两名英国间谍正要在海牙组织一个新的谍报网。

吉斯克司得到这条消息后,命令无线电监听人员加强对无线电信号的监视。很快,电讯截获室收听到一个新的秘密电台呼号,使用的是 RLS 呼号,发射地点就在海牙。这个秘密电台活动有个规律,就是每隔一周的星期五晚 6∶30 会准时发报。吉斯克司非常重视这个秘密电台,命令手下密切注视 RLS 电台的活动,很快,无线电探测方位仪查明了 RLS 电台的位置,并且最终锁定了具体的住址。德国人迅速出动,一举将这一电台的操作者休伯特·劳韦斯捕获,并在 2 个小时内,将这个英国间谍网的其他成员一网打尽。这次行动,为吉斯克司下一步行动开了一个良好的头。

吉斯克司得手后,并没有急于由自己的发报员发报,而是耐心地等待劳韦斯动摇。因为他知道,任何一个谍报员在发报的细微技术上都与其总部有某种默契。后来的事实证明,他的这一着棋是十分高明的。在劳韦斯被捕的第三周后,吉斯克司亲自提审了他。吉斯克司只向他提出一个简单的条件,只要劳韦斯向伦敦方面发出他在被捕时未能按时发出的三则电讯,他和他那些被捕的同伴都可以免除一死。如果不从,等待他们的则是死亡。

休伯特·劳韦斯是英国特别行动局在荷兰招募的一名志愿者,

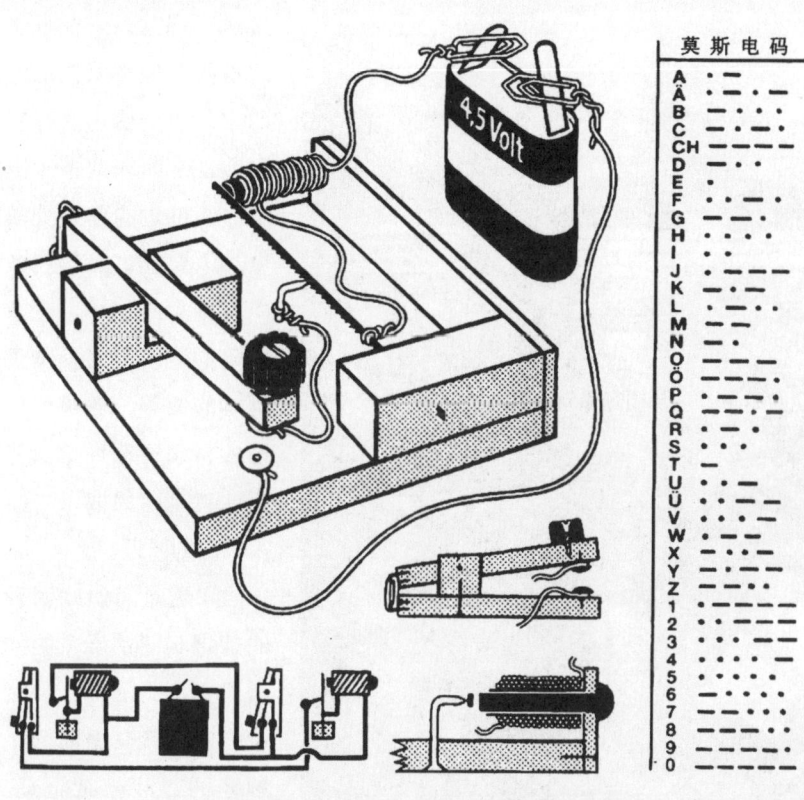

◎ 莫尔斯电报机的工作原理图

他被捕后,起初并没有慌张失措,尽管深知盖世太保的残酷与死亡的威胁;但是,他心里还存在一丝幻想,因为他与英国方面有一个别人不知的约定——发送情报时的"安全校验码"。休伯特·劳韦斯与伦敦总部有一个约定,在他发出每一则电讯时,应该在每项电文的第16个字母上制造一个错误,这是一种伦敦用以核查身分的暗记,如果没有这一暗记,那就表明,他已经出事,是在强迫状态下发报。休伯特·劳韦斯觉得这是一张别人不知的王牌,于是就假意答应了吉斯克司,表示愿意反水,为德国效命。

赫尔曼·吉斯克司并不知情,他对劳韦斯的叛变非常高兴,并且马上制定了一个与英国人周旋的计划,即著名的"北极行动"。

于是,遭到逮捕的休伯特·劳韦斯答应了吉斯克司,向英国

↑"盖世太保"为德国纳粹的情报部门服务，手段毒辣凶残

发送了那三条未及发送的情报。他按照先前的约定，故意使用这样一种方法：即在两条密电中，在单词的停顿处故意加入错误，而第三条电文则保持正确。劳韦斯确信自己已经发出了明确的警报，他也相信伦敦特别行动局总部将会注意到他采取了与原来不同的错误。

问题是，如此明显的警报与"错误"的发送规则，英国方面居然没有看出来。据前几年解密的二战档案记载，伦敦总部的密码员在收报时根本就不注意安全校验码，他们认为，许多间谍经常忘记甚至根本不用这些校验标记。就这样，英国特别行动局以为休伯特·劳韦斯他们已经成功地在荷兰建立起了工作架构，行动局不仅对假"情报"信以为真，而且继续发回报告，把荷兰自由战士的行动计划传递给"劳韦斯"。就这样，由于英国工作人员的疏忽大意，赫尔曼·吉斯克司制定的"北极行动"居然顺利实施下来。

在接下来的时间里，休伯特·劳韦斯继续作出努力，在他与伦敦的发报中一再暗示自己的处境。遗憾的是，这一切始终没有引起伦敦方面的警觉，反而引起了德国人的注意。赫尔曼·吉斯克司终止了劳韦斯的发报,并向伦敦请示,由另一名"后备"发报员取代劳韦斯。就这样一个请示,居然也被伦敦方面批准。

从那以后,赫尔曼·吉斯克司利用英国方面的毫不知情,大肆开展情报欺骗与间谍大战。比如,特别行动局电告劳韦斯,英国将空投一名特工到荷兰组织地下活动。结果可想而知,德国人早早来到预定地点,毫不费力抓获了这名跳伞的特工,随后空投的8名特工也遭遇同样的结果。

赫尔曼·吉斯克司实施"北极行动"可谓像模像样,这一点也使得英国方面长时间毫无觉察。有一次,伦敦命令荷兰特工破坏德军的一个雷达站,吉斯克斯为了让英国不起疑心,居然把自己的人化装成荷兰抵抗战士对雷达站实行了一次假进攻。为了进一步向英国特别行动局证明,他还特意引爆了一艘载满金属碎片的驳船。

⬆ 二战时英国的领袖丘吉尔将军

其后的发展可以用戏剧化来形容,在长达两年的时间里,赫尔曼·吉斯克司掌控的电台网络与伦敦无数的电讯往来中,英国方面居然未有一丝警觉,近百次的空投全部由德国人截获,五十几名谍报人员全部落网。

这场谍报大战直到1944年才开始有了完结的迹象。英国方面从这年年初开始起了疑心。1944年2月,两名被德国逮捕的英国特别行动局间谍皮埃特·多雷恩和约翰·尤宾客成功越狱回到英国。他们汇报说,他们刚刚到达荷兰时就被敌人抓获。但是伦敦特别行

↑ 纳粹头子希特勒

动局的官员却认为他们是在说谎，因为他们从吉斯克司编造的假电报中得知这两个间谍已经为盖世太保工作。后来这两个人被送到布里克斯顿监狱。

这件事情引起了英国特别行动局解码专家里欧·马科斯的重视。马科斯其实一开始就对荷兰的事情充满疑虑，不仅是因为安全校验码的丢失，他还注意到了荷兰来的电文的"异常"。根据经验，以往特别行动局的间谍在其他各种行动中常常会出现大量情报信息无法阅读的情况，因为间谍在紧张的野外作业时常会因为匆忙发生密码错误，而来自荷兰的情报编码却一直一丝不苟，清晰完整地"令人不安"。

里欧·马科斯知道两位间谍越狱的事情之后，决定向英国特别行动局提出警告。最终，英国特别行动局也觉察到了不对，但觉醒太晚了，为了支持这个根本不存在的"荷兰抵抗运动"，特别行动局已经供给德国无数炸药，8千支轻武器，50万发弹药，75部电台以及其他许多的物资，损失了52名特别行动局的间谍。

此后，赫尔曼·吉斯克司发现英国来的情报变得毫无价值。他意识到，英国人终于发现了他的"北极行动"。取得巨大成功的赫尔曼·吉斯克司决定最后再羞辱一下对手，1944年4月1日，他指令在荷兰参加"北极行动"的10部电台，同时向伦敦特别行动局发出一份内容相同的电文："近两年来，我们收到95次空投，计有电台75部，枪8000支，子弹50万发，炸药3万磅，另有经费50万荷兰盾，足够开一个小银行，我们的合作一直很默契，很有成效。近来我们感到，你们似乎要甩开我们另有所为，我们对此感到格外遗憾，因为在这个国家里，长期以来我们是为你们办事的唯一代表，并且取得了双方满意的效果，但是我们可以向你们保证，如果你们想向大陆进行大规模的拜访，我们将对来访者采用我们一贯的殷勤态度，并且给以同样热烈的欢迎！"

吉斯克司选择愚人节这样一个特别的日子发送这样一条信息，为这起历史上著名的间谍大战划上了一个并不滑稽的句号。

赫尔曼·吉斯克司

赫尔曼·吉斯克司本人是一名非常老练老谋深算的情报工作人员，他深谙间谍工作的规律，对英国方面的情报工作有着深刻了解。正是这位吉斯克司，到达荷兰后寻找突破口，把工作重点放在了寻找与伦敦有地下无线电联系的敌方谍报人员。并且成功组织了"北极行动"，给英国的情报工作带来巨大损失。

美军狙击山本五十六之谜

观点：1943年4月18日，日本联合舰队司令山本五十六由于日本海军密码被美军破译，其座机被美军跟踪袭击，于布干维尔岛上空被击落而丧生。在东京，这次事件被列为"海军甲事件"，并一直向日本国民保密。山本五十六的死，被视为二战中重大事件，也是日本海军走向失败的标志事件。

说起"山本五十六"，这是日本军事史上赫赫有名的一个人，也是世界军事史上争议巨大的一个人。

1884年4月4日，"山本五十六"出生在日本新潟县长冈市的武士家族高野家，是这个家庭的第六个儿子。其父高野贞吉当年56岁，所以给儿子取名为"高野五十六"。

"高野五十六"自幼受到武士道和军事影响，当他10岁时，其父就用武士刀划伤他的双腿12次，代表他正式元服。1901年，17岁的高野五十六以第二名的成绩考入江田岛海军学校32期，1904年以第7名毕业后任"日进"号装甲巡洋舰上的少尉见习枪炮官，参加了1904年的日

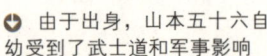
由于出身，山本五十六自幼受到了武士道和军事影响

山本五十六的姓氏

山本五十六本姓"高野"，1916年，高野五十六从江田岛海军兵学校毕业后，经牧野忠笃子爵介绍，过继到旧长冈藩家老山本家，成为山本带刀的义子，其名字也由"高野五十六"改名为"山本五十六"。

俄战争。就在对马海战中，他负重伤，左手的食指、中指被炸飞，留下了终身残疾。由于他只剩下了八个手指，同僚们给他起了个"八毛钱"的绰号。

1916年，山本五十六毕业于日本海军大学校（第14期）。此后，山本五十六开始其辉煌的职业军人生涯。他先是去美国学习，出任日本驻美国大使馆海军武官，1928年，山本从美国归国，先后在"五十铃"号巡洋舰、赤城号航空母舰上担任舰长。1930年山本晋升为少将，并出任海军航空部技术处长、第一航空队司令官等职。1940年7月，日本与德、意签订了轴心国条约。同年11月5日，山本被授予海军大将军衔。自此，年已56岁的山本五十六登上了其军人生涯的最高峰，作为海军大将，真正使其声名大振的就是其后其亲自策划和指挥的"偷袭珍珠港"事件。

↑ 山本五十六

山本五十六之所以能策划出"偷袭珍珠港"事件，除了其具有一定的军事智慧与发掘机会的能力之外，与其爱冒险爱赌博的性格分不开。山本本人极爱赌博，从年轻时就是个赌鬼，玩扑克、打桥牌、下围棋、打赌都称得上是行家里手。他与同僚赌，与部属赌，还常跟艺妓赌，而且赌得认真。1910年，山本为一件不大的事与他的密友掘打赌，最后赌输了3000元。虽然掘一笑了之，山本却坚持还债，每月从薪金中扣，一直扣了十几年。山本出使欧洲时，据传说由于他赌技超群，赢钱太多，摩纳哥的赌场甚至禁止山本入场。山本曾说，如果天皇能给他一年时间去赌博，可以为日本赢回一艘航母。总之，日本海军传

↑ 偷袭珍珠港，给美军带来巨大损失

统的先发制人战略，加上山本个人秉性等各种因素，促成了奇袭珍珠港计划的形成。

当时的珍珠港位于日、美之间太平洋东部的夏威夷群岛，距日本约3500多海里，距美国本土约2000海里，是美国太平洋舰队最重要的基地。

1941年1月7日，山本写信给海军大臣及川古志郎，正式提出了偷袭珍珠港的设想，此后就和几个参谋（大西泷治郎、源田实、黑岛龟人）一起，秘密地制定"Z"作战方案。1941年12月7日凌晨，日军从六艘航空母舰上起飞的第一攻击波183架飞机扑向珍珠港。7时53分，发回"虎、虎、虎"的信号，表示奇袭成功。此后，第二攻击波的168架飞机再次发动攻击。仓促应战的美军损失惨重，8艘战列舰中，4艘被击沉，一艘搁浅，其余都受重创；6艘巡洋舰和3艘驱逐舰被击伤，188架飞机被击毁，数千官兵伤亡。日本只损失了29架飞机和55名飞行员。

珍珠港事件，给美国带来了巨大损失和惨痛教训。为了洗刷珍珠港惨败的耻辱，美国海军开始暗中准备，并首先在情报战线上加大了力量。以当时的太平洋舰队总部作战情报处为例，开战时其人员不过约30名官兵，到了1942年5月，就猛增到120名。

当时的日本海军使用的海军密码为"D-普通密码本"，美国人则称为"JN-25"。太平洋舰队总部作战情报处的主要工作就是努力破译日本海军密码。时机很快就到来了，1942年1月20日，日本海军的一艘"伊号124"潜艇在澳大利亚海军基地达尔文港外海面铺设水雷时，遭遇美驱逐舰"埃索尔号"以及三艘澳驱潜快艇的围攻，沉没在50米深的海底。当时，由于事发突然，沉没的日军潜艇并没有来得及发出遇袭警报就彻底报废。美国军方派出潜水员潜入海底，在"伊号124"的残骸里发现了一只保险柜，并在其中发现密码本。由于这艘日本潜艇等级很高，加之这份密码本经过了防水处理，事后美国情报人员判断，这种密级相当高的密码本应该就是"JN-25"。

日军偷袭珍珠港，炸沉了美军众多舰艇

日本方面当时并不知道"伊号124"潜艇被袭击，他们的判断是潜艇在公海由于意外事故而沉没。他们怎么也没有料到，自己的潜艇是被击沉的，而且密码本也没有被来

↑ 狂妄的山本五十六，最终死在美军飞机的截击下

得及销毁，最终落入美军手里。蒙在鼓里的日本海军此后一直照旧使用"JN-25"，这给美国军方带来了巨大的情报价值和军事机会。

当时的美军对日本密码的使用情况一直没有最终破译，这也成为美国海军的一块心病。美军获得"JN-25"后，很快就发现了日本海军对"中途岛"的战争计划，并且也是依靠破译日本电文最终在空中狙杀了山本五十六。

时间来到1943年，经历了中途岛海战和瓜岛战役失败后的日本海军士气低落。山本决定找时间前往南太平洋前线视察，以便鼓舞士气。1943年4月14日上午11点，美国海军情报部门截获并破译了包含山本行程详细信息的电文，包括到达时间、离埠时间和相关地点，以及山本即将搭乘的飞机型号和护航阵容。上述电文显示联合舰队司令长官山本五十六大将于4月18日上午6时由腊包尔起飞，前往布干维尔岛南端肖特兰、巴莱尔、布因岛视察，希望作好一切护航准备。

这份由海军部2246室破译的日本海军密码电报由一位参谋人员汇报给了海军部长诺克斯，诺克斯马上又将电报递给美国总统。富兰克林·罗斯福命令海军部长弗兰克·诺克斯"干掉山本（Get Yamamoto）"。诺克斯授意切斯特·尼米兹海军上将执行罗斯福的命令。

接到命令后，尼米兹将军在4月17日批准了拦截并击落山本座机的刺杀任务。一个中队的P-38闪电式战斗机受命执行拦截任务，这种飞机有足够的航程。从三支不同部队精选出来的18位飞行员被命令迅速集结,并被告知他们即将拦截一名"敌方重要的高级军官",但并未得知具体姓名。4月18日早晨,山本五十六搭乘两架三菱一式陆攻快速运输机从拉包尔按时起飞,计划飞行315分钟。不久,18架加挂副油箱的P-38式战斗机从瓜岛机场起飞。经过430英里无线电静默的超低空飞行,有16架到达目标空域。东京时间9点43分,双方编队遭遇,6架护航的零式战斗机立刻开始与美机缠斗。

美军列克斯·巴伯中尉率先展开攻击,他攻击了两架一式陆攻中的第一架,事后证明是舷号T1-323的山本座机。巴伯中尉紧紧咬住目标,不断射击直到敌机左引擎冒出黑烟。很快,山本的座机因为引擎失效坠落到丛林中,地点位于澳大利亚海岸巡逻队在布因岛的据点以北。

◆ 山本五十六坠机现场的照片

第二天，一支日军搜救小队找到了坠机地点。据带队的日军工兵中尉滨砂回忆，山本的遗体位于飞机残骸之外的一棵树下，他仍旧坐在座椅中，戴着白色手套的双手还挂着他的日本刀。解剖报告显示山本身上有两处枪伤：一发子弹自身后穿透他的左肩，另一发子弹从他的下颌左后方射入，从右眼上方穿出。就这样，臭名昭著自大狂妄的一代枭将山本五十六死在了美军情报部门的截击下。

得手后，美军情报部门为防止日军得知自己的密码已泄露，特别授意美国新闻媒体发布消息，称所罗门群岛当地人的海岸观察站目击到山本登上一式陆攻，才导致了其遭到伏击。新闻媒体也没有公开参与刺杀行动的美军飞行员的名字，因为其中一人的兄弟当时被日军俘虏，有被虐杀的可能。事件发生后，日本当局一直拖到1943年5月21日才公布山本的死讯。对日本方面来讲，山本之死所造成的精神打击是难以估量的，日本政府也因此被迫承认美军的战争能力正在迅速恢复，局势已经发生了深刻变化。

风语者——纳瓦霍语密码之谜

观点：太平洋战争期间，美国军方创造性地起用了北美印第安人的一支部族——纳瓦霍人充当密码员，并用他们的语言编成密码，使美军在情报战中占得了先机。纳瓦霍语口口相传，没有文字，其语法、声调、音节都非常复杂，日本人直到战争结束，也没有搞清楚这种"非凡"的密码。

美国位于北美洲大陆，其原住民本为印第安人。在二战后期的太平洋战争中，有一支北美印第安人曾经利用其民族独特复杂的语言，编制了一套密码，为美国对日作战发挥了重要作用。这就是一直被历史尘埃掩盖的美国"纳瓦霍语密码"，直到10年前才被美国政府全部解密。

2001年7月26日，美国总统布什为已经沉默了半个多世纪的印第安"纳瓦霍语密码"相关人员颁发了"国会荣誉奖章"，这是美国政府最高勋章，由此可见"纳瓦霍语密码"工作人员的历史功绩。总统布什致辞时说道："他们对国家的贡献值得所有美国人尊敬和感谢。"4名白发苍苍的印第安老战士接受了勋章与政府的敬意，当年，正是包括他们在内的29名印第安纳瓦霍族人编制出"纳瓦霍语无敌密码"，为盟军最终胜利立下了汗马功劳。现在，其他的25人已离开人世，这四个人也已经走到了人生的暮年。

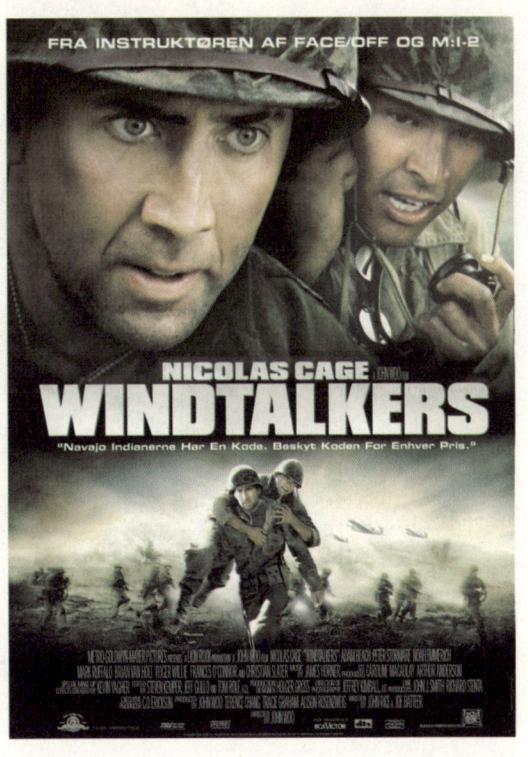

美国影片《风语者》反映了二战时印第安人对国家做出的贡献

美国政府一直对纳瓦霍语密码实行保密,无论是战争影片的描述还是战争史实的记叙都不见纳瓦霍人的踪影。每当被问及,纳瓦霍语密码译员都会简单回答:"我是个话务员。"他们的事迹以及密码战的详细情况,一直都是个谜。有一些留在军中服役的纳瓦霍士兵后来参加了朝鲜和越南战争。但是纳瓦霍语密码却再未用过。事实上,美国纳瓦霍士兵在密码情报方面的工作非常出色,有着精彩的表现。

历史上,美国参加二战,已经到了战争的中期。日本帝国为了实现他们的野心,于1941年12月7日主动袭击珍珠港,日美太平洋战争由此爆发。战争开始后,美国相当被动。一方面是由于全国战时动员需要一定时间,另一个很重要的原因是情报工作的落后。日本的情报工作起步很早,尤其是1934年后引进德国"英格玛"密码机技术后,其密码编制与解密能力突飞猛进,而美军在情报战方面比起日本人要稍逊一筹。交战初期,美军的密码屡被日军破译,致使其在战场上吃尽了苦头。如何既快速准确,又绝对保密地传递军情和命令成为美军指挥高层急迫要解决的大问题。

● 日本袭击珍珠港的画面

就在美军高层为如何提高自己密码工作水平而焦急万分的时候,1942年初的一天,位于洛杉矶的美国海军办公室来了一位自称菲利浦·约翰斯顿的美国白人。他提出了一个十分大胆的建议——征召美国最大的印第

↑ 二战时使用的电台

安部落纳瓦霍人入伍，使用纳瓦霍人的语言编制更加安全可靠的密码。

　　菲利浦·约翰斯顿的父亲是传教士，曾在纳瓦霍部落长期生活，全家都能说一口流利的纳瓦霍语。约翰斯顿有一次偶然得知，通晓这一语言的非纳瓦霍族人全球不过30人，其中没有一个是日本人。极具军事头脑的约翰逊认为，如果用纳瓦霍语编制军事密码，将非常可靠而且无法破译。因为这种语言非常复杂，外族人根本不可能弄懂，如果用纳瓦霍语编成一套密码，日军情报部门将很难破译美国的军事情报。

　　时任太平洋两栖舰队指挥官的沃格尔将军听到了菲利浦·约翰斯顿的建议，他马上觉得这是一个"了不起的事"，采纳了他的建议。1942年

↑ 正在使用纳瓦霍语通讯的纳瓦霍族战士

2月28日，在圣迭戈的艾略特兵营，4名纳瓦霍人为军方进行演示试验。演示前，沃格尔将军亲自写出6段战争中常用的信息，其中一条是"预期敌人会使用坦克和俯冲轰炸机在黎明时攻击"。4名纳瓦霍人按照纳瓦霍语，把信息逐字逐句地翻译为"敌人坦克－俯冲轰炸机－预计－攻击－早晨"，其他5条信息也被熟练顺利翻译出来。这种高效率的密码编写给沃格尔将军留下了深刻的印象。一周后，沃格尔专门致函美国海军陆战队司令，建议为太平洋舰队两栖作战部队招募200名纳瓦霍人。

1942年5月5日，美国军队首批征召了29名纳瓦霍人士兵。这就是本文开头受到嘉奖的团体，他们在加利福尼亚圣迭戈的新兵训练营中和通讯人员一起工作，设计了最初的纳瓦霍密码。密码由211个字组成，大部分为纳瓦霍词，也掺杂了一些新词汇，这是为了弥补纳瓦霍语中军事术语的不足。事实上，早在第一次世界大战期间，在美军和加拿大军中服役的某些印第安人就曾经使用他们本族语言传递情报。但由于缺少像"机枪"、"手榴弹"一类的词汇，其应用受到限制。为了弥补这个缺陷，纳瓦霍密码引进了新词汇。例如，"战斗机"被称为"达-哈-提-西"，纳瓦霍语意为"嗡嗡叫的鸟"；"俯冲轰炸机"被称为"儿尼"，意为"小鹰"。另外，

● 二战中正在战斗的美军士兵

密码战士还设计了一个系统，用来与英语26个字母相对应。例如，字母A为"沃－拉－其"，意为"蚂蚁（ant）"；字母E为"迪兹"，意为"麋鹿（elk）"。另外，针对那些没有能够列入211个密码的词语，他们根据纳瓦霍语专门创建了一个大约500个常用军事术语的词汇表以便用来对照拼读。后来，在实际应用中，有细心的密码员发现，由于纳瓦霍语中没有的词的对照表重复使用频率太高，根据这些词语，纳瓦霍密码几乎不用费什么劲就能被破译。为解决这一

⊙ 著名的"美军攻占硫磺岛"的老照片

问题，约翰斯顿和一些技术专家把对照表的 26 个字母增加为 44 个，使得那些常用的字母如 E、T、A、O 等有了多种选择余地。

当整套纳瓦霍密码编制成功后，纳瓦霍人很快便显示出记忆密码和在战时传递信息的能力。他们在战场上传递密码，高效保密的特点取得了极大成功。随后，另外 200 名纳瓦霍人也于 1942 年 7 月 20 日被征召入伍。1942 年 10 月 2 日，提出这个提议的约翰斯顿也被征召入伍，授予上士军衔，专门负责训练纳瓦霍密码战士。

就这样，全世界独一无二的纳瓦霍密码开始系统地在太平洋战场上使用。随着战事的进展，美军起初那些不相信纳瓦霍密码的人也开始改变观点，不禁为纳瓦霍密码叫好。日本方面很快就注意到这套密码系统，但他们无从下手，根本不知如何破译。甚至在俘虏了 1 名普通纳瓦霍士兵之后，日本人也没能有丝毫进展。因为纳瓦霍语独特的语言构成决定了它很难被破译。纳瓦霍语是一种音调语言，它的元音高低起伏，以语调的强弱不同来表达语言内涵。一个单一的纳瓦霍语动词，包括自己的主语、谓语和副词，可以翻译成一个完整的英语句子。

纳瓦霍密码经常被美军使用在紧急的情况下，由于它的高效与难以破译，纳瓦霍密码很快就展现了其优势。有一个例子可以说明：在美军攻打塞班岛时，正在推进的美军一个连遭到自己人从后方打来的炮弹袭击。先锋部队首先使用无线电向后方疾呼："停止炮击！"但是，由于日本人整天都在模仿美军电台的通讯，炮兵部队根本不相信这条信息，炮击没有停止。最后，总部有人问先锋部队："你们有纳瓦霍译员吗？"先锋连仅有一名纳瓦霍密码译员，他使用本族语言把信息传递给总部的老乡。很快炮击就停止了。

在攻占硫磺岛一役中，6 名纳瓦霍密码译员及时准确地为美军传递信息情报。在战斗开始的前两天，他们通宵工作，没有一刻休息。整个战役中，他们共接发了 800 多条消息，没有出现任何差错。日本人尽管能够截获这些情报，但对这些近乎"天书"的文字感到束手无策，而当时美军已经破译了日军的密码。不久，美军便很轻易地攻下了战略要地硫磺岛。负责联络的霍华德·康纳上校曾感慨地说:"如果不是纳瓦霍人,如果没有纳瓦霍密码,美国海军将永远攻占不了硫磺岛。"

出色的实战成绩吸引美国海军决定更大规模地征召纳瓦霍人入伍。他们曾经设想以每月 50 人的速度再征召 303 名纳瓦霍人,但这并不是一项简单的工作。因为,那些被招募的纳瓦霍战士也逐渐成为其他部队的"宝贝"。为此,海军陆战队不得不把名额削减到每月 25 人,甚至试图从其他部队索要纳瓦霍新兵,但这些努力并未获得完全成功。由于"风语者"供应不足,这严重影响了美国海军的通讯工作。尽管如此,因为纳瓦霍密码既保密又很少失误,仍然逐渐成为美军最信赖最钟爱的密码。

纳瓦霍人及其语言

纳瓦霍人是北美印第安人的一个分支,世代居住于美国西部,现在人口 20 多万。纳瓦霍语对部落外的人来说非常难懂。纳瓦霍语没有文字,其语法、声调、音节都非常复杂,并且全靠一代代人口口相传。没有经过专门的长期训练,根本不可能弄懂它的意思。至于其语言具体使用的语境、语气及声调,更是非族外人所能理解的。

 # 二战美日密码大战之谜

> **观点**：在整个二战期间，除英国与德国的密码大战之外，美国与日本的密码战争也非常激烈精彩。可以说，美国人的情报工作组织的更加严密、有效，有力支持了战争。美国人几次大的胜利乃至战争的转折点，都离不开出色的密码破译工作。日本人一直到二战结束，也没想到自己的密码会被敌人破译。

二次大战中，尤其到了战争后期，美国与日本的较量是整个世界战场的重要组成部分。事实上，早在1920年，美军就开始截收、分析和破译日本人的密码了。在这方面，美国不显山不漏水，却一直做着未雨绸缪的工作。

美国最先对日本密码进行系统研究的是赫伯特·奥斯本·亚德利（有时也翻译成雅德利），此人性格乖僻，却是一位密码天才。说起来此公与中国还有一定关系，在中国抗日战争期间，亚德利给与了中国情报工作不小的支持。1938年，亚德利受国民政府邀请，为中国破译了不少侵华日军的电报。亚德利还为中国人提供一种新型密码，使得日

◆ 1922年华盛顿会议上的签字现场照片

华盛顿会议后,美国海军正在建造中的军舰

本人一直无法破译。

赫伯特·奥斯本·亚德利起初与美国军方没有什么关系,只是得到军方在资金上的支持,破译了不少国家的密码,其中就有日本。1922年,世界列强在华盛顿召开军缩会议,由于亚德利提前破译了日本外务省的密电,日方代表在这次会议上非常被动,最后没能达到他们预想的扩军计划。

1940年8月,美国通信情报处成功破译了"紫密"。据说情报处几乎全部解读出"紫密"的密钥,除百分之二、三以外可全部还原,绝大多数密电可在数小时内译出。"紫密"的解读使得美国截获了日本不少重要消息,其中就包括日美谈判必将破裂,日军可能会大规模袭击美国这一极为重大的秘密。可惜,由于美国政府忽视,没有引起美国军政要人的重视,导致太平洋舰队后来惨遭日本重创。

1941年5月,海军少校约瑟夫·约翰·罗彻福特被任命为第十四海军区无线电小队司令。他上任后,把无线电小队改为太平洋海军的作战情报小队,组织破译日本海军全部战术级小型密码。他本人则主攻保密程度最高的大型密码"司令长官密码"。罗彻福特是一位颇具传奇意义的密码天才,在对日密码破译工作上占有重要的历史地位。

罗彻福特1918年毕业于新泽西州斯蒂文斯理工学院,同年以

↑ 日本海军的金刚级战列舰

少尉军衔入海军服役。罗彻福特外表文静，性格内向，不善言辞。但在他木讷的外表下，藏着坚定果敢和不折不挠的本性。他早先的愿望是当一个海军航空兵。1929年至1933年，海军部为了更全面地理解日本这个迅速强势崛起的东方帝国，派出四个年轻的军官到日本学习日语，研究日本文化，罗彻福特就是其中的一个。到了1941年，罗彻福特被派往珍珠港，这时的他已经是经验丰富的密码破译专家，精通日语、熟悉日本文化。

　　与此同时，日本方面也在加紧军事准备工作。日本偷袭珍珠港后，虽然获得了重大胜利，但由于当时并没有美国的航空母舰在港内，对日军的海上威胁并没有根本除掉，始终难解日本的心头之患。为此，山本五十六制定了一个新的作战计划，拿下位于夏威夷

↑ 经过多年的扩军备战，日军的海军当时实力已经很强大

群岛东北方的美国重要航空基地——中途岛，然后以它作为日军的作战基地。这就是"中途岛"战争计划。"中途岛"计划进攻的日本海军，仍由策划指挥偷袭珍珠港的山本五十六率领。

日军制定作战计划后，无线电波发射日益频繁，5月份达到最高峰。由于美国一直没有彻底破译"JN-25"密码，日本的具体动向无法掌握。但是，美国太平洋舰队总部领导破译"JN-25"的约瑟夫·罗彻福特少校意识到，频繁的无线电活动表明日军正在计划大规模的作战行动。那么，其攻击目标是哪里呢？1942年1月20日日本潜艇被击沉后，美军终于拿到了"JN-25"密码的样本，在以往破译的基础上，日军最高级别的密码体系被美国破译。

紧接着，由于获得"JN-25"密码，美军在日本人毫不知情的情况下破译了日军的大量情报。在这些情报中，日本人反复使用了"AF"这两个字母。约瑟夫·罗彻福特少校猜测，这应该就是日军攻击的目标。经过分析研究，他认为"AF"代码指的就是中途岛。为了证明判断的准确性，约瑟夫·罗彻福特少校领导手下来了个"验证工作"。美军情报人员先是通过可靠安全的潜艇电报系统，授意中途岛守岛指挥官西马德海军中校用普通英文发紧急无线电报，称中途岛淡水蒸馏设备发生故障，淡水变得紧缺；同时又由第十四海区司令官布洛克海军少将回电表示，有一艘供水船正前往该岛紧急供水。日本人果然中计,还不到 24 小时,美军作战情报处就截获日本海军在威克岛电台发出的密电,上面说"AF"缺乏淡水。接着,东京本部方面发出命令:入侵部队要多带淡水……

　　情况到了这里,已经很清楚了。"AF"就是中途岛的隐语,而日军很快将对此发动大规模军事袭击。约瑟夫·罗彻福特少校将这个情况汇报给太平洋舰队新任总司令切斯特·尼米兹海军上将。将军同意罗彻福特的看法,认为"AF"就是中途岛,在得到罗斯福总统之命后,他飞往中途岛,亲自领导一次大规模伏击。虽然美军的实力在太平洋方向远不如日军,但由

◐ 美军的"中途岛"海军基地

于有准确而详细的情报，尼米兹仍有足够的信心打赢这一场战争。于是美军紧急拼凑了 3 艘航母和 20 多艘大小舰艇，组成第 16、第 17 特混舰队，悄悄埋伏在中途岛北东洋面，等待日本人上钩。

1942 年 6 月 4 日，海军中将南云忠一带领以 4 艘航母为核心的先导部队逼进中途岛，日本舰队开始进攻了。结果可想而知，由于准确的密码破译工作，早有准备的美军以逸待劳，静静等在日军进攻的路线上……当首批日机距离中途岛还有 30 英里时，美军 25 架"野猫式"战斗机组成的拦截队，出现在日本机群前。日军"零式"战斗机上前缠住"野猫式"，掩护轰炸机继续飞赴中途岛。迎着美军高射炮的猛烈火网，一颗颗 250 公斤、甚至重达 800 公斤的强力炸弹，从日机上投下。然而，岛上机场和跑道上空空如也……随后，在一团混战中，美国方面有备无患从容不迫，日本舰队惊慌失措伤亡惨重。5 日凌晨，这次计划的指挥官山本五十六不得不命令，取消中途岛行动。随后，山本五十六在自

中途岛战役中的美军飞行员

己的住舱里闭门不出，一连三天拒绝会见任何人。他做梦都不会想到，是因为电报被截获，使日军的密码被破译了。至于具体指挥战斗的日军南云中将，在率残存的日本舰队返航途中，试图自杀谢罪，但被部下阻止。

中途岛战役结束后，为了掩盖自己的失败，避免挫伤国民的士气，日本海军对内全面封锁消息。所有伤员回到横须贺军港后，就被连夜送进医院，同外界完全隔绝。日本当局也对公众谎称取得了大捷，宣布歼灭美军两艘航母和120架飞机。

美国取得了中途岛之战的胜利，但是，起关键作用的罗彻福特却结局悲惨。事后，华盛顿海军情报处有人硬说中途岛情报战中主要功劳是他们立下的，甚至不惜买通他手下的人做伪证。结果，尼米兹提出的军功奖名单到了华盛顿后，罗彻福特的名字被抹掉了。更糟糕的是，当年10月，罗彻福特以"需要专家意见"为名被调到华盛顿，实际上解除了他的夏威夷情报站站长职务。尼米兹将军听说后勃然大怒，但他的抗议也无济于事，最后，罗彻福特被派到旧金山去管理一个船坞，再也没能回到情报部门。

历史是公正的，时间来到1985年，罗彻福特被追授"海军杰出贡献勋章"；此时，他去世已经9年。1986年，里根总统向罗彻福特追授了"总统自由勋章"，这是和平时期给军人的最高荣誉。2000年，罗彻福特的名字被刻进了美国国家安全局名人厅，他的历史贡献终于得到了承认。

日本"紫密"密码

日本的密码工作到了1934年得到了大幅提高，这一年，日本海军从德国买下一部"恩尼格马"商用密码机。日本人改进了这部具有传奇意义的机器，造出了自己的密码机"九七式欧文印字机"。日本外务省在此基础上继续升级，把它发展成为日本整个外交系统广泛使用的战略级密码体制。这一体制被美国军情人员命名为"紫密"。

中美合作智破日本间谍密码之谜

观点：抗日战争中，日军疯狂侵略中国，其中的"重庆大轰炸"给中国人民带来极大损失。中美两国密码人员通力合作，巧妙破译日本间谍密码，打掉了潜藏在国军内部的特工人员，沉重打击了日军的嚣张气焰，堪称抗日战争中密码大战的一个经典案例。

1937年7月七七事变后，中国展开对日抗战。11月，国民党军在淞沪抗战中失利，南京陷入危机，国民政府自11月20日起迁往重庆作为战时首都。迁都后，日军为了瓦解中国军民抵抗

● 日军轰炸后的重庆，满目都是断壁残垣和死伤的市民

的士气，开始丧心病狂对重庆发动长时间大规模的空袭轰炸。1938年2月18日开始，至1943年8月23日，日本对陪都重庆进行了长达5年半的战略轰炸。据不完全统计，在5年间日本对重庆进行轰炸218次，出动9000多架次的飞机，投弹11500枚以上。重庆死于轰炸者10,000以上，超过17,600幢房屋被毁，市区大部分繁华地区被破坏。

日本轰炸重庆时首次大量使用燃烧弹，用以燃烧市区的房屋。这种残暴疯狂的举动，激起了中国军民更大的抗敌决心，但是，由此带来的损失也是巨大的，重庆人民付出了惨痛的代价。

当时的国民政府由于空军力量弱小，防空能力有限，日本飞机轰炸时，只能采取被动的防御措施。事实上，就在日本飞机开始轰炸重庆前，中国的情报人员已经开始了破译日本军队密码的工作。1938年2月18日上午，就在日机还在飞往重庆的路上，国民党密电组就截获了一份密码电报。这份由潜伏在重庆的日本间谍发出的密码电报日文字母杂乱排列，是一种前所未有的编码方式。随后，中国密码员又截获了十几份类似的电报。正当密电组的破译专家紧张工作时，重庆上空传来了日本飞机的轰鸣声，尖厉的空袭警报响彻重庆上空。9架日军轰炸机投下十几枚炸弹，对重庆实施了抗战以来的第一次轰炸。

这次轰炸虽然没有造成太大的损失，但由于事前没有捕捉到任何关于

由于没有足够的空中反击力量，当时的重庆市民只好跑到郊外躲避日机的轰炸

袭击的蛛丝马迹，国民党情报部门承受了很大压力。情报部门的官员们大为光火，命令手下的密码破译人员务必早日找出这种新型日本密码的规律。

国民政府的密电组投入了很大精力，但是，仍然一无所获，那个神秘的特工的情报还是源源不断发往日军的情报部门。同年10月4日上午，28架日军飞机又对重庆发动猛烈袭击，平民死伤60余人。面对咄咄逼人的日军和无从下手的密码，密电组陷入了困境。正在这时，国民党驻美国华盛顿使馆军事副武官肖勃将一个关键人物推荐出来。他，就是美国具有传奇色彩的密码大师——赫伯特·亚德利。

当时的赫伯特·亚德利在美国的境遇不佳，生活都成问题。1938年，戴笠得知亚德利的情况后，立即报请蒋介石批准，通过中国驻美大使胡适秘密联系，以年薪一万美元为条件，聘请亚德利来华帮助破解日军密码。当年11月，化名为"罗伯特·奥斯本"的亚德利经香港抵达中国战时陪都重庆。国民政府授予他少校军衔，并安排30多名留日生，组成专职破译小组。

亚德利到达重庆后，立即投入了对日本神秘密码电报的研究。他通过观察发现，在重庆发往日军的电报中，有着一个规律。这些电报为提高发报速度，以日文48个字母中的10个字母代替10个数字进行

↪ 图为秘密联系亚德利来华的胡适博士照片

电报编码。亚德利细细研究这些字母与数字的转换规律，对已有的电报进行初步筛查破译。很快，亚德利凭经验断定，国民政府截获的这些神秘密码，应该是间谍向日军反映重庆云高、能见度、风向、风速的气象密码电报。这些情报都与天气有关，很可能就是为了日本飞机空袭重庆所用的情报。有了这个指导思想，经过推敲论证，亚德利与破译小组破译出电报中经常出现的相同数字的含义，如频繁出现的"027"代表重庆，"231"代表早6时，"248"则为正午，"459"代表着天气不佳，"401"则通知敌方：可以轰炸。

⬆ 正在向重庆投掷炸弹的日本飞机

找到了上述规律，破译小组终于有了突破。在接下来的两个月中，小组又3次截获密码电报，行动人员通过早已准备好的测向仪，捕捉到了发报信号的具体发射源。很快，搜索人员在重庆南区抓获了伪装成当地人的日本间谍。此间谍是由日本侦察机偷送至重庆，负责向位于汉口的日本空军基地发送气象密码电报。

国民党情报部门很快秘密枪决了日本间谍，亚德利亲自上阵，向日军发送假情报，希望暂时拖延敌人的轰炸。与此同时，小组截获了大量以更为复杂难解的新密码编写的电报。亚德利据此判断还有更为深藏不露的间谍埋伏在重庆城内，敌方可能会展开新一轮的攻势。果不其然，5

↑ 侵略中国的日军无恶不作,犯下了累累罪行

月3日上午9时,日军飞机从武汉直扑重庆,共投下了100多枚炸弹。第二天,20多架日机再袭重庆。抗战历史上悲惨的"五三"、"五四"惨案就这样发生了,重庆6000民众在这次惨无人道的大轰炸中死伤。

日本人的暴行激起了亚德利和破译小组的更大愤慨,他们决心尽快抓住这个间谍。亚德利发现:国民党在重庆市区花大力气部署了防空部队,但是,历次空袭中,高射炮部队却没有打下几架敌机。这其中必有玄机。经过密切跟踪,亚德利发现日本间谍发出的新密电中开始混杂一些英文字母。通过重新的排列,他发现电报中开始出现诸如"her(她的)"、"light(光线)"、"grain(粮食)"等具有实际意义的单词,可是这些单词从何而来,又有什么意义呢?有一份密码中出现了"he said（他说）"的字眼，这引起亚德利的注意，因为这样引起对话的词组一般出现在小说中。亚德利推测日本间谍采用了"书籍密电码"的编制方法，密码底本是一本英文长篇小说，它的前100页中必定有连续三页的第一个词分别是her、light、grain，可上哪儿去找这本小说呢？

就在此时，国民党军统局提供了一个重要线索：一位名叫"独臂大盗"的国军军官有时公然使用附近一个川军步兵师的无线电台和他在上海的"朋友"互通密电，他很有可能是一名汉奸。亚德利把目光放在了"独臂大盗"身上。

亚德利假扮为美国来的皮货商，通过中国女友徐贞介绍，结识了"独臂大盗"。此人是驻守在重庆的国民党某高射炮团的一位营长，其出身于土匪，人送绰号"独臂大盗"。这人绿林出身，但居然说一口流利的英语。亚德利与其结识后，十分投机，但每当亚德利问起"独臂大盗"为何高射炮打不中目标的问题时，这位"独臂大盗"总是搪塞开去，顾左右而言他。

亚德利对"独臂大盗"深表怀疑，并且对自己的"书籍密电码"的推测很有信心，他决定采取行动，对"独臂大盗"来一个"深入虎穴"的冒险计划。

亚德利和徐贞商定，决定利用"独臂大盗"有一次请客的时机，到其家中一探虚实。徐贞是一个具有爱国热情的女子，她听了后决然应允。俩人巧妙周旋，经过一番困难丛生的波折，徐贞终于在"独臂大盗"的书房

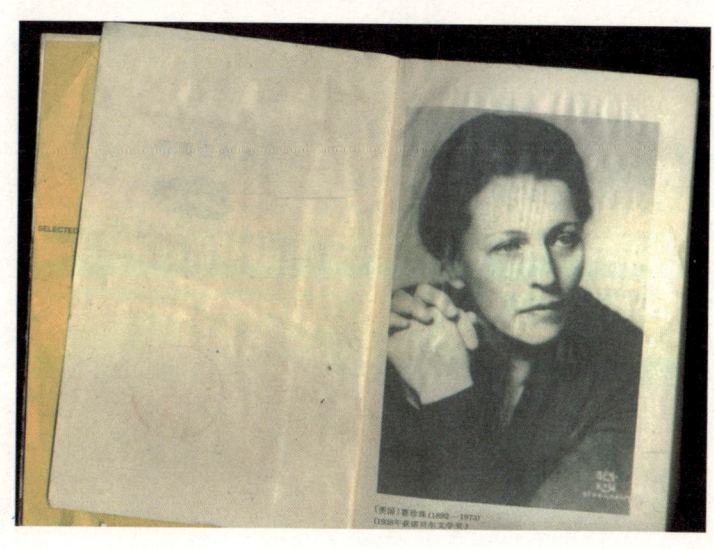

图为赛珍珠所写小说《大地》

中发现一本美国著名女作家、诺贝尔文学奖获得者赛珍珠的长篇小说《大地》，该书的第17、18、19页上第一个词用笔画过，它们果然是亚德利推导出的那三个英文单词。亚德利回家后，立即寻找到一本《大地》，连夜组织多名破译人员，终于破译出"独臂大盗"密电的详细内容。

根据密电看来，"独臂大盗"是汪伪政权安插在重庆的耳目，他与国民政府中的德国籍顾问赫尔·韦纳等人组成间谍网，密告日军轰炸机保持3660米的飞行高度，以避开射程仅达3050米的国民党军高射炮的射击。密码的秘密终于告解，"独臂大盗"等内奸被逮捕枪决。在这之后的一段时间，日军的轰炸行动有所收敛，而日军对重庆的轰炸越来越多地付出了沉重代价。

破获了日军的无线电通讯密码，亚德利得到了蒋介石的亲自召见，以示嘉勉。徐贞也在破获此案中立下汗马功劳。为了摆脱日伪特务机关的跟踪，徐贞决定前往香港。可是，在她渡过嘉陵江前往机场时，日伪特务制造了她所乘的舢板的翻沉事故，她被淹没在滔滔江水中。

1940年7月，亚德利回到美国。为了保密，美方没有透露他的消息。后来，亚德利在他的回忆录《中国黑室———谍海奇遇》中才公布了此事的详细经过。

赫伯特·亚德利

赫伯特·亚德利是美国军事情报处（今日美国国家安全局的前身）和"美国黑室"（专门负责破译情报部门获得的密码信息）的创建人。他因为超强的密码破译能力被业内誉为"美国密码之父"。他对日军密码已经研究了十几年，有相当的经验和心得。

密码趣味之谜

- 中国的方块字密码——字谜之谜
- 感人的密码情书之谜
- 既简单又实用的密码
- "天书"当票密码之谜
- 黑话密码——春典之谜
- 世上唯一的女性文字——女书之谜
- 袖里乾坤——手上密码之谜
- 福尔摩斯与"跳舞的小人"之谜

中国的方块字密码——字谜之谜

观点：作为汉民族特有的一种语言文化现象，字谜，是一种文字游戏，也是密码的一种。历史上，字谜既可以猜字谜娱乐助兴，也可以在关键时刻充当密码的功能，见证了许多重大的历史时刻。

中国的字谜属于谜语的一种，是使用汉字的汉民族特有的语言文化现象。谜语的起源很久远，古人在进行交流时，有时会由于某种特别原因，不便直截了当表达，要通过拐弯抹角、迂回曲折的语言来暗示另一层内容，这就有了"谜语"的萌芽。

有文字记载的最早的所谓"曲折隐喻"的语言现象，最早出现在黄帝时代《弹歌》诗里的"断竹，续竹，飞土，逐肉"，即隐示人们制作弹弓、猎杀野兽的情形。到了春秋战国时期，这种谜语雏形已十分流行，并有了名称，叫"廋辞"和"隐语"。战国后期出现了赋体隐语，其中以荀子的《附论篇》最具代表性。

而最早的字谜，大约产生在汉魏年间。刘勰《文心雕龙·隐篇》说："自魏以来，颇非俳优，而君子嘲隐，化为谜语。"刘勰说谜语产生于魏代，是因为那时的文人创作了许多独立完整的字谜。如当时大文学家孔融写的一首"离

◆ 荀子画像

合作郡姓名字诗"，每句四言，每四句或两句隐射一个字。全诗长二十二句，共八十八字。分扣"鲁国孔融文举"六字（孔融字文举）。全文如下："渔父屈节，水潜匿方；与时进止，出寺驰张。吕公矶钩，阖口渭旁；九域有圣，无土不王。好是正直，女回于匡；海外有㸒，隼逝鹰扬。六翮将奋，羽仪未彰；龙蛇之蛰，俾它可忘；玟璇隐曜，美玉韬光。无名无誉，放言深藏；按辔安行，谁谓路长。"孔融的这首离合诗，现在已被公认为我国最早制作的完整而成熟的字谜了。

一个字谜，必由三个部分组成：谜面、谜底和谜目。谜面，是猜谜时说出来或者写出来给人做猜谜线索的话语，它好似密电中的明文，人人都可以得见；谜底，就是要人去猜测的本体事物，这就是密电的原本信息；而谜目，是谜面意义的真实所指，对谜底范围和数量起某种限定作用的词语，类似于密码中的密钥。

《世说新语·捷悟》记载过一个字谜。说杨修有一次为曹操修建府邸。始构屋架时，曹操前来视察，看后一言不发，只在相国府门上大题一个"活"字，转身离开了。杨修一见此字，立即叫人把相国府的门拆去重修。他解释说："门"中加"活"字，就是"阔"字。魏王是嫌此门太小了。这件事传开之后，曹操的制谜之巧，杨修的辨谜之捷，都被当时人们传为美谈。

清朝皇帝乾隆据说也喜欢猜字谜，并且自己还写过一首绝妙的字谜诗：

绝情词

下珠帘焚香去卜卦，

问苍天，人儿落在谁家。

恨玉郎，全无一点知心话。

● 魏王曹操塑像

欲罢不能罢!

吾把口来哑。

论交情不差。

染成皂难讲一句清白话。

分明一对好鸳鸯,却被刀割下。

抛的奴力尽才又乏。

细思量,心与口都是假。

这首出于乾隆皇帝的绝情词,实际暗含了"一二三四五六七八九十"十个数字,是一首绝妙的字谜诗。

字谜不仅是文人雅士的附庸风雅之举,古代字谜中往往还隐藏着许多古人留下的具体信息。是否能准确地破译古代字谜,往往成为考证和辨识古书古物的关键。《越绝书》成书于东汉光武年代,是一本著名的历史书。但此书不撰著者姓名,只是在后序中以诗相代。诗曰:"以去为姓,得衣乃成。厥名有米,复之以庚。禹来东征,死葬其乡。不直自斥,托类自明。文属词定,自于邦贤。以口为姓,承之以天。楚相屈原,与之同名。"明代大文学家杨慎看见此书后,仔细推敲,终于揭秘了作者的身份。原来,此书为东汉会稽人袁康、吴平所著。诗中"以去为姓,得衣乃成"是"袁"字;

清乾隆皇帝画像

"厥名有米，复之以庚"，暗射"康"字；"禹来东征，死葬其乡"，是作者自述其为会稽人；"以口为姓，承之以天"暗射"吴"字；"楚相屈原，与之同名"暗喻"平"字。此谜既解，《越绝书》也日益被人们重视，成为研究战国时期吴、越二国史地的一本重要历史书籍。

更多的时候，字谜还是为政治宣传和外交活动、军事斗争服务，这也与现代密码的功能颇为相似。《古微书》中引《孝经援深契》有谶语："宝文出，刘季握。卯金刀，在轸北。字禾子，天下服。""卯金刀"，合之为"刘"；"禾子"，合之为"季"。汉高祖刘邦，字季。这条谶语显然是指刘邦将要统一天下，这是为君王帝位神授制造舆论，属于政治宣传。

字谜也在外交场合中常被当作一个斗争武器。《三国志·吴书·薛综传》记：蜀国特使张奉出使吴国，当着孙权的面用字谜嘲笑吴国尚书阚泽的姓名。阚泽不善此道，不能作答。这时，吴大臣薛综出席对答，说："我有一谜向先生请教：有犬为独，无犬为蜀；横木苟（句）身，虫入其腹。"这首谜诗处处扣住"蜀"字，张奉感到国名受辱，于是勉强答道："请再用这种方法比喻你们的吴国吧。"薛综应声答道："无口为天，天口为吴；君临万邦，天子之都。"在座的人听后都掩面窃笑，张奉自取其辱，尴尬异常。

很多时候，字谜也常用来作为军事行动的联络暗号。唐武则天在位时，徐敬业集合扬州军队准备谋反，中书令裴炎在朝廷内部策应。结果谋事不密，反致泄露。朝廷在审讯裴炎谋反案时，

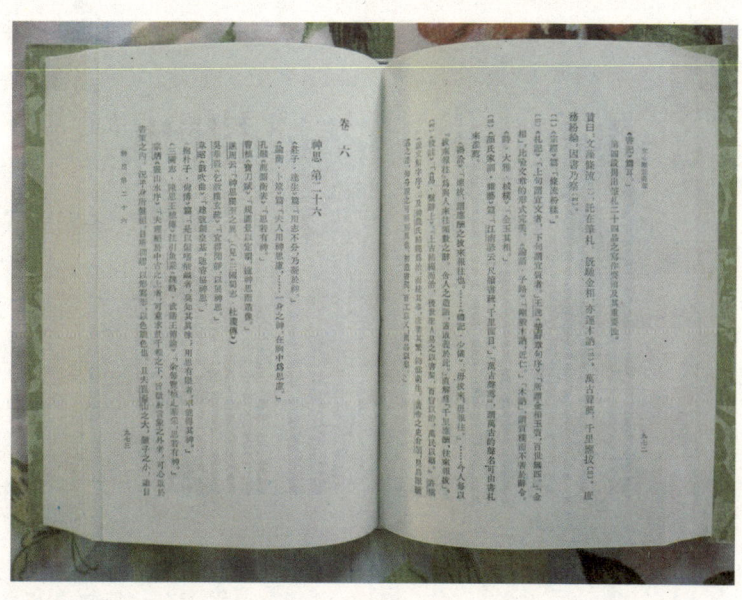

◐《文心雕龙》中记述了中国最早的真正的字谜

△ 武则天画像

只发现他给徐敬业的一封信,上面仅写"青鹅"两字。满朝文武皆迷惑不解,最后由武则天识破,说:"此乃隐语。青者,十二月;鹅者,我自与也。"原来,裴炎是以此约定徐敬业十二月起义,他再从内部动手。自此,裴炎伏法,谋反事败。

民间为了反抗统治阶级的残暴与苛政时,也会巧妙使用字谜。《后汉书·五行志》记,汉末献帝时,诸侯董卓擅权,鱼肉百姓。人民强烈不满,因而编制童谣:"千里草,何青青;十日卜,不得生。"童谣中的"千里草",合为"董"字;"十日卜"合为"卓"字;"何青青、不得生"是说董卓虽然威势赫赫,但总逃脱不了灭亡的结局。此歌谣利用字谜隐语,巧妙地诅咒了董卓的暴行。后来,董卓被其所谓的义子吕布所杀,并诛连三族。

字谜赏析

驱 除雀斑。(打一字)——乌

谜面用的是半体再现离弃法。意谓"鸟"字去掉里面的一点,就是谜底汉字"乌"。字谜的特点主要体现在谜面修辞上。"雀斑"二字连用,侧重点似乎是在"斑"字上,而不是在"雀"字上,从而淡化了本体词和肢体词之间的界线,有一定的迷惑性。从字面上看,它只是一则日常生活中常见的普通医疗美容广告词;但仔细分析,其中又隐含着许多制谜技巧有着无穷的迷人魅力。

感人的密码情书之谜

观点：密码中有硝烟弥漫的战争，有勾心斗角的政治倾轧，也有你争我夺的商业较量，但是，如果纯真美丽的爱情和密码发生了关联，一定会是不同寻常又充满曲折的美丽故事。在特定的环境之下，有时爱情，也不得不为自己披上一层神秘的密码外衣。

二战时期，世界上的主要大国都被卷入战争，势均力敌旷日持久的战争使得许多家庭妻离子散，还有许多情侣也不得不暂时分手，为各自的国家而战。

英国人托马斯·斯克劳斯顿二战前加入了英国皇家空军，在空军担任中尉飞机机械师。1940年春天，24岁的他与21岁的薇拉·汤普森结婚。两人从小就认识，青梅竹马，两小无猜；成年后，这对青年情侣依然感情甚好，结为夫妻顺理成章。婚后，托马斯与薇拉的幸福生活刚刚开始不久，纳粹德国入侵英国，两国正式开战。托马斯·斯克劳斯顿接到部队的命令，必须马上赶回部队应战。托马斯·斯克劳斯顿只好暂别娇妻，在随后长达4年的岁月中，他先后转战于埃

◆ 二战中英国著名的兰开斯特轰炸机

及、利比亚、马耳他和意大利等地。

战争既是残酷的,也是单调的。随军转战各地的托马斯·斯克劳斯顿对妻子的思念随着时光流逝而与日俱增。当时通讯不甚发达,这名年轻人只有靠写信来安慰自己的相思之苦。事实上,自从这对夫妻分别以来,他们几乎一天写一封情书,到战争结束时,信件足足有29大捆。当时的英国军方对于军人的鸿雁传书并不禁止,但出于保密的要求,军人的每封书信都要严格审查。信中绝对禁止透露发信人最近的服役地点、部队番号以及未来的行军计划。这可难坏了托马斯,为了让妻子随时了解自己的下落,聪明的他与妻子在书信里巧用密码躲避审查。

托马斯为让妻子知道他的驻扎地,就在信中写一个变体的字母

二战中的英军飞行员

"r"，薇拉只要把接下来单词的首字母相连就能拼出丈夫所在地点。至于这段带密码的文字，最后总是以单词"薇拉"结尾。就这样，夫妻之间的这个小秘密竟然一直骗过了检查信件的官员的眼睛。在托马斯离家的5年里，妻子薇拉一直了解丈夫的行踪，对战事的发展也很清楚。有了小小密码的帮助，两人的书信总是能够很快邮寄到对方手里。

1945年，二战结束，托马斯回到家乡，在当地当上了一名市政府官员，直到65岁时退休。而薇拉除了当家庭主妇，有时也到一家商店当临时店员，他们陆续生育了3个孩子。战后他们感情一直很好，厮守余生。他们的孩子偶然间看到了父母早年的这些密码情书，知道实情后非常感动。当征得两位老人的同意后，孩子们把这些多达29捆的情书捐献给了当地的博物馆。正如负责此事的约克郡东区档案收集官员萨姆·巴特尔说："托马斯和薇拉的儿子把它们托付我们保管，这些信件将永久保存下去。""从信中你能真切感受到他们强烈地爱着对方，思念着对方。这些信诠释了很多对夫妻战争中的经历。"

还有一个传说：有位外国亲王，只有一个独生女儿，备加疼爱。女儿长大后，与王宫内一个年轻仆人偷偷相爱。女孩身居内宫，处处戒备森严，两人难得见上一面，只能悄悄托人传递纸条，以文字互诉衷肠。为避免被发现，聪明的仆人想出了一个绝妙的办法：用长短不一的折线隐藏文字。他俩约定，将所有的字母排成一排，并打乱原来的次序，作为密钥。如果写一封密信，就从第一个字母开始，划一条直线，直到第二个字母，然后折回到第三个字母，依此类推，直至写完。这对恋人用这种方法传递感情，开始十分顺利。然而，有一天亲王发现了他们的密信。当破译了他们的密码之后，亲王大怒，立即处死了那个年轻仆人。亲王的女儿得知心上人被处死的消息后，悲痛欲绝，喝下毒药，殉情而死。

中国作家金艮也曾经在一篇散文中记述过一个密码情书

《上山下乡》宣传画

的故事，同样非常凄美与感人，让人感觉爱情的力量不可阻挡。故事发生在上个世纪70年代，正是知识青年上山下乡阶段，在黑龙江的某个知青农场，许多来自天南海北的知识青年聚到一起，为了一个共同的目标而奋斗。时间长了，青年人的热情逐渐被艰苦的环境一点点磨掉，而远离家乡的孤独痛苦更是难以言表。众多的青年男女生活在一起，时间一长就有相互恋爱的事情发生。然而，在那个时代的那种环境下，爱情是被严格禁止的。为了逃避上级的检查，这些充满活力与智慧的年轻人就想出了用密码写情书的主意。

他们把汉字的拼音分开来，每个密码数字前的字母是要写的那个汉字的声母，韵母用数字代替。如果所用的字是韵母的拼音，那么，就直接用数字代替。至于很多的同音不同字的密码，那就靠自已分析和确定了。

韵母的数字代号如下：

a（1）o（2）e（3）i（4）u（5）ü（6）ai（7）ei（8）ao（9）ou（10）an（11）en（12）ang（13）eng（14）ong（15）ia（16）ie（17）iao（18）iou（19）ian（20）in（21）iang（22）ing（23）iong（24）ua（25）uo（26）uai（27）uei（28）uan（29）uen（30）uang（31）ueng（32）üe（33）üan（34）ün（35）

例如下面这封密码情书：

q21 7 d3 x33 m8

h9 x22 n4, s28 r11 m8 t20 d10 n14 k11 d9 n4。sh13 c4 y33 h28 t7 d29 z11 l3, m8 sh26 g10。j21 t20 w11 sh13 x33 x4 w11 h10, n4 z7 n4 m12 n6 zh4 q23 d3 zh13 p14 s5 sh3 h10 d14 w2, w2 q5 zh9 n4。d9 d1 c9 y29 l19 d1 w11 q5。b17 h7 p1, z11 m12 y3 b5 sh4 g11 h27 sh4。d14 w2。

h5 g3

翻译出来的文字是：

亲爱的雪梅

好想你，虽然每天都能看到你。上次约会太短暂了，没说够。今天晚上学习完后，你在你们女知青的帐篷宿舍后等我，我去找你。到大草原溜达玩去。别害怕，咱们也不是干坏事。等我。

既简单又实用的密码

观点：密码不仅仅是密码专家加密解密的工具，也能是普通人传递信息开心娱乐的方法。本文中的几种密码，都能让你在一分钟内就可学会使用，而加密的工具，更是随手可得，可谓是最为简单实用的密码了。另外，这些密码看似简单，但如果别人没有一定的密码知识，还真不容易看出来。

一般说来，普通人的日常生活中用不到密码及加密方法。但是，作为一种了解或是娱乐的手段，掌握一些简单的密码还是很有必要的。例如，给自己的同学或者女朋友写一封加密的书信，不也是非常富有趣味的一件事吗？

1. 数字谐音密码

这是最常用最简单的密码。起初是数字 BP 机上使用的简单代码，后来引申出许多代指。当然，数字谐音代码并没有一个官方的标准，大多是约定俗成。数字谐音虽然简单，但是使用得当，效果却是文字所不能比拟的。

部分常用数字谐音代码：

01925- 你依旧爱我，02825- 你爱不爱我，04527- 你是我爱妻，04535- 你是否想我，04551- 你是我唯一，0837- 你别生气，095- 你找我，098- 你走吧。

1314- 一生一世，1314920- 一生一世就爱你，1372- 一厢情愿，1392010- 一生就爱你一人，1573- 一往情深，1711- 一心一意，1920- 依旧爱你。

200- 爱你哦，20110- 爱你一亿年，20184- 爱你一辈子，25184- 爱我一辈子，25873- 爱我到今生，259758- 爱我就娶我吧。

507680- 我一定要追你，51020- 我依然爱你，51095- 我要你嫁我，515206- 我已不爱你了，518420- 我一辈子爱你，5201314

↑ 今天已被人们淡忘的BP机，当年可是流行的通讯工具

我爱你一生一世。

609-到永久，6120-懒得理你，6785753老地方不见不散，687-对不起。

2. 手机键盘和电脑键盘密码

普通常用的手机和电脑，也可以给信息加密。这种密码是利用手机和电脑上的常见输入法实现的。某些型号较少的手机其密码保密性更高。

2009年1月23日，一位网友在百度贴吧上发帖求助，称最近和一个心仪的女生告白，谁知对方给他提供一个摩斯密码，说只有解出密码，她才答应跟他约会。这个女生仅仅提示他，"这是一个5层加密的密码"，"答案是一句英语"。男生费尽九牛二虎之力，解不出来，情急之下，跑到网上求助。帖子一发出，贴吧的网友

↑ 电脑键盘和手机键盘也可以是加密的工具

几乎倾巢出动,各显神通积极破译。可惜,尽管大家用尽各种复杂的解密方法,但都没有收获,破译工作陷入僵局。下午4点后,一位网友通过联想手机上的键盘布局,将密码转成一个字母组合。下午6时,这位聪明的回帖称,"我已经完全解出来了……楼主你好幸福哦",并表示暂时不公布结果。晚上8时,该网友公布了最终答案:I LOVE YOU TOO(我也爱你),并揭开破译全过程。据了解,参与密码破解的网友超过百人,集体的智慧得到体现。这个女生给男生传递的信息就是使用手机键盘加密的方法,幸亏有大家的积极支持,否则,还真就错过了一次约会的大好机会。

3. 维吉尼亚密码

这是一种非常经典的古典密码,也是许多现代密码的前身。维吉尼亚密码种密码实际上就是恺撒密码的延展,但引入了密钥的概念,使得加密更加安全复杂。

例如:密钥为 man,原文为 I am rich。(见下表)则原文中的 I 对应的密文为 M 行(第一个密码为 M 的那行)的 U,A 对应 A 行的 A,M 对应 N 行的 Z,R 对应 M 行的 D……以此类推。简单地归纳为:密钥:M an manm.(man 循环使用);原文:I am rich;密文:U az dipt。

附:维吉尼亚密码表:

ABCDEFGHIJKLMNOPQRSTUVWXYZ
BCDEFGHIJKLMNOPQRSTUVWXYZA
CDEFGHIJKLMNOPQRSTUVWXYZAB
DEFGHIJKLMNOPQRSTUVWXYZABC
EFGHIJKLMNOPQRSTUVWXYZABCD
FGHIJKLMNOPQRSTUVWXYZABCD
GHIJKLMNOPQRSTUVWXYZABCDE
HIJKLMNOPQRSTUVWXYZABCDEF
IJKLMNOPQRSTUVWXYZABCDEFG
JKLMNOPQRSTUVWXYZABCDEFGH
KLMNOPQRSTUVWXYZABCDEFGHI
LMNOPQRSTUVWXYZABCDEFGHIJ
MNOPQRSTUVWXYZABCDEFGHIJK
NOPQRSTUVWXYZABCDEFGHIJKL
OPQRSTUVWXYZABCDEFGHIJKLM
PQRSTUVWXYZABCDEFGHIJKLMN
QRSTUVWXYZABCDEFGHIJKLMNO
RSTUVWXYZABCDEFGHIJKLMNOP
STUVWXYZABCDEFGHIJKLMNOPQ
TUVWXYZABCDEFGHIJKLMNOPQR
UVWXYZABCDEFGHIJKLMNOPQRS
VWXYZABCDEFGHIJKLMNOPQRST
WXYZABCDEFGHIJKLMNOPQRSTU
XYZABCDEFGHIJKLMNOPQRSTUV
YZABCDEFGHIJKLMNOPQRSTUVW
ZABCDEFGHIJKLMNOPQRSTUVWXY

4. 四角号码密码

四角号码是汉语词典常用检字方法之一，可以用最多5个阿拉伯数字来对汉字进行归类。这种四角号码检字法由王云五发明。四角号

49 四角號碼檢字法

號碼	筆名	筆形	舉例	說　明	注意
0	頭	亠	言主广庁	獨立的點與獨立的横相結合	123部是單筆；0456789各種部由二以上的單筆合為一複筆。凡能成為複筆的，切勿作單筆。如一應作0不作3，寸應作4不作2，厂應作7不作2，匕應作8不作3，小應作9不作3、5。
1	横	一 ㇀ ㇄	天土地江元風	包括横刁與右勾	
2	垂	丨丿丨	山月千則	包括直與撇與左勾	
3	點	丶㇀	广一卜厶之衣	包括點和捺	
4	叉	十乂	草杏皮刘大對	兩筆相交	
5	插	‡	才戈申史	一筆通過兩筆以上	
6	方	口	國鳴目四甲由	四方齊整的方形	
7	角	フ丁 レ丁	羽門灰陰雪衣學字	横和垂的鋒端相接處	
8	八	八丷人八	分頁羊余災朵定午	八字形與其變形	
9	小	小小小个十	尖鳥鳩呆惟	小字形與其變形	

四號角碼查檢舉例

字	取碼	字	取碼	字	取碼	字	取碼	字	取碼	字	取碼
主	0010	戀	2220	冠	3721	口	6000	開	7744
唐	0026	保	2529	政	3864	圍	6050	尺	7780
辦	0044	得	2624	左	4001	暖	6204	氖	8021
油	0267	急	2733	椒	4123	吃	6801	每	8050
棘	0549	復	2824	恭	4433	黔	6832	飲	8713
豆	1010	以	2870	共	4441	雅	7021	娃	8778
非	1111	倦	2921	世	4471	長	7173	敏	8854
武	1314	家	3023	楼	4793	碼	7521	小	9000
那	1752	運	3019	丈	5000	朝	7532	愧	9301
務	1822	之	3030	或	5301	陽	7622	釋	9721
乘	2011	畫	3214	找	5500	另	7711	勞	9942
師	2172	斗	3400	救	5824	蚤	7713	炒	9982

↑ 四角號碼檢字方法示意表

碼檢字法用數字0到9表示一個漢字四角的十種筆形，有時在最後增加一位補碼。由於四角號碼字典隨手可得，使用它反向給信息加密就變得非常簡單方便。只要按照四角號碼字典，就可以把明文反向加密為一串串數字，對方收到後再按照同樣的字典解密就可以了。當然，這種加密未免顯得過於簡單，很容易被別人識破。為了增加複雜性，還可以再次加密。例如，反向加密的四角號碼密碼變為數字後，再利用"用數字替換密碼"的方法再次加密：也即每一個數字代表一個字母，1代表A、2代表B、3代表C……如此，串串數字又變為毫無規律的大串字母，別人就很難識破了。

除了以上幾種，其實我們還可以開動腦筋，自己創造發明一些密碼。只要密鑰在自己的手裡，別人就很難破譯。

"天书"当票密码之谜

观点：旧社会当铺很多，并且许多都是以盘剥穷苦百姓为生财之道。在当铺典当这个行业中，居然也存在一种与密码有关系的现象。当铺的当票作为双方抵押借贷的凭证，其书写方式都为特殊字体，在外人眼中犹如天书。那么，为什么当铺要用这种加密书写的方式来写当票呢？

当铺是收取动产作为抵押，向对方放债的机构。旧称质库、解库、典铺，亦称质押，最早产生在中国的南北朝时期。旧社会的当铺多由私人独资或合伙经营，当户大多是贫苦百姓。新中国成立后取消。改革开放后，有些地方恢复当铺，其性质和办法同旧时不同。

旧时的当铺主要业务是收取质押品发放高利贷款。借款人去当铺借贷，主要是应付家庭生活上的紧迫需要，也有个体小生产者用于小本经营，或农民用于生产的。当铺收受的质押品种类繁多，如衣服鞋帽、绸缎纱罗、金银首饰、古董珠宝、名人字画、陶瓷、家具甚至棺材板等。

当铺对质押品估价很低，一般只有原价值的一至四成，一口成交，不许还价。而典当利率很高，一般为月息二分至三分，按月收取利息，还规定每元当价另加手续费，实际月息高达千分之三十余，是一种变相高利贷。典当期限为18个月，当期将要届满时，当者若无力回赎，可先预交几个月的利息，另开新当票延期，一般一次可延长3个月时间。否则，就以"满当"发买处理。当铺处理当物分别到估衣店、首饰店等处发买，当铺除能收回本金外，还

能得到3～6成利润。典当业的这种包赚不赔残酷剥削的经营方式，经常激起人民反抗。尽管官府对当铺予以保护和扶植，各地抢劫、焚掠当铺一类事件仍时有发生。

除了利率畸高之外，当铺抵押物品时也往往估价很低。为了达到这个目的，当铺写当票时不论收什么物品，一律写"破旧"字样。比如一般衣服，件件都写"虫吃鼠咬"字样，就是当物完整无缺的，也写"破旧"二字。如一件崭新皮袄，要写成"光板无毛"；一只金表，也要写成为破铜表。这样做不但可以贬低典当物品的价值，而且还可在典当物品于存储期间有所蚀损时搪塞当户。又如，在当户坚持要高价，双方不能达成协议时，当铺的伙计便用当户识别不出的方法在当户的物品上做记号，以暗示同行。其方法是：把上衣的一只袖子反叠，袖口朝下；裤子折三折；如是金货，就用试金石轻磨一下；如是金表，则将表盖微启一点儿。第二家当铺一看，心里就有数了，所给的当价，就会与第一家差不了多少。如此，当户最后只得低价当出。

上文所说的"当票"，就是当铺收取当物所付的收据，也是当户赎取当物的唯一凭证。清代当票主要分两部分：印刷部分和手写部分。印刷部分主要包括当铺名称、地址、抵押期限、抵押利率等内容。手写部分包括当物的名称、质量、数量、典当金额等。最有技术含量的还是手写部分，当票上的字不同于普通汉字，是当铺自创的特殊字体，还有

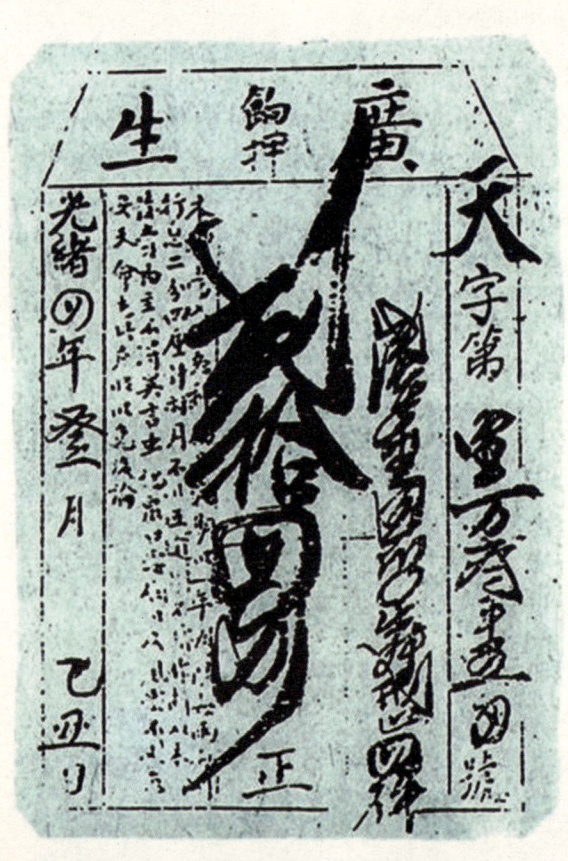

图为老当票照片，上面的"当字"犹如天书晦涩难懂

个专用名,叫"当字"。这种字只有当铺内部的人才能辨认,外行人很难看懂。"当"字比草书还草,字体又别具一格。俗语有"当店字有头无耳"之说,就是说当票上面多用草书、减笔或变化字,如常将"衫"字写成"彡"字,"棉"字写成"帛"字,把"皮袍"写成"皮夭","花梨紫檀木"写成"紫木",玉器写成"假石"等。

写"当字"是专门的手艺,只能在当铺学徒才能学得到。因为有了当票,收买当票的机构也应运而生,俗称"当票局子"。

当铺的当票用"当字"的主要好处有二:一是简单写得快,一挥而就;二是行外人难以伪造、临摹、篡改,具有一定的防伪功能,也算是一种密码方式。

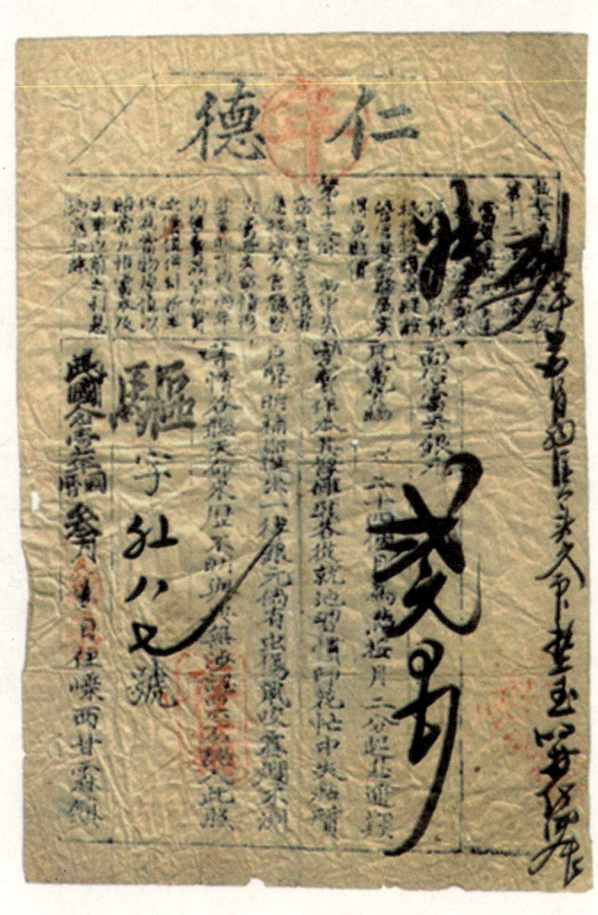

↑ 一张"仁和"当铺的当票

说到防伪,早期的纸币也曾经借鉴这种加密方法,以防止居心不良者盗印假钞,冲击金融秩序。以我国为例,第一套人民币已经退出流通40多年,除了收藏爱好者,一般人很难得见。其实,第一套人民币上,就有许多人为添加的防伪暗记。例如:一元券,票面图案左侧,一男工一女工,在厂房顶下有一"A"字,左杠是部有一个等边三角形记号;拾元券矿井灌溉图,票背面中央几何图案中心有一带圈五角星。拾元券还有火车站图案,票背面左下几何图案内藏有"人民"二字;二拾元券,古塔牧羊图,

↑ 第一套人民币一元图样

票背面右侧2字下藏有"人"字，二拾元券列车帆船图案，票面电力牵引车头右侧藏有"民"字；红色壹佰元券，工厂图，票背面有两个大几何图案，右藏"人民银行"，左藏"壹佰元"……事实上，整套的第一套人民币上都有暗记，只不过流通时这些都是最高机密，普通人是无法全部掌握的。

纸币上的水印图案，其实也是一种暗记，只是科技水平与防伪能力更高一些。水印是在造纸过程中当造纸纸浆刚刚处于湿纸状态时处理而成的。要在一张干燥的纸上搞出水印图案是不可能的。何况纸币用纸的强度、拉力、耐磨损性、耐折叠性等不同于普通纸张，它有放在水里不易泡烂，遇明火不易燃烧的性能，这种特殊纸张绝不是一般造纸厂所能制造的。水印技术给伪造纸币带来了难度。

目前，更为高级的暗记甚至可以防止打印机打印。假如你想扫描一张百元大钞然后用 Photoshop 打印出来的话，Photoshop 会弹出一个警告，说你正试图打印钞票。原来，世界各国的新版纸币都统一使用了一种不容易察觉的记号，即5个圆环。这5个圆环代表什么呢？原来它们是按照猎户星座排列的，而它最早是在 10 欧元（EUR）纸币上发现的，因此这种记号被命名为"EURion 星座"。机器一旦发现待印刷的图片含有这种记号，便立即拒绝打印。对全世界范围内的假钞防范工作，这种记号起了很大的作用。

↑ 图为 100 欧元的币样

当票局子的生财之道

卖当票的人，除到期无力赎当者外，还有拣拾者或偷盗者，以此作为销赃手段。当票局子收买当票，一般以典当品价值对折后的三分之一价格收买。这样，当当票到期后，当票局子便可以持票去当铺赎当，赎回的抵押品再拿到市场上销售，仍然会有不菲的利润。

黑话密码——春典之谜

观点：旧时的中国社会，三教九流鱼龙混杂，由于特殊的社会环境与历史背景，某些江湖人士出于不同文化习俗与交际需要，创造了一整套遁辞隐义的特殊隐语。这就是黑话、切口及春典的来历。这是一个独立自成体系的语言系统，外人听上去，犹如坠入云里雾里，不知所云。

"天王盖地虎，宝塔镇河妖……"这是电影《智取威虎山》里土匪对暗号的场面。其实，土匪口中的"黑话"就是一种最朴素的密码。虽然这种密码过于简单，经不起密码学家的分析，容易破译。但是，在一般人眼里，黑话仍然属于另外一个世界，局外人是无法明白的。这些黑话实际上是江湖人的第二语言系统。其内容丰富，应有尽有，囊括了从身体部位到社会职业，以及生活中的衣食住行、礼节、交往等各种元素，如果两个江湖人在使用黑话交谈的时候，不懂的第三者即使完全听到，也会是一头雾水，根本不知道两个人在说什么。黑话有一个统称，被叫做"春典"。

春典的产生，大致出于下列三种情形：一是由禁忌、避

○《智取威虎山》剧照

讳而形成的市井隐语。二是出于行业回避目的，免使外人知悉而形成的隐语行话。三是语言游戏类隐语。

春典涵盖的内容非常广泛，几乎浸透了生活的各个层面。有些春典造词很生动：比如帽子叫"顶天儿"、鞋叫"踢土儿"、裤子叫"蹬空子"、外行人叫"空码儿"、下雨叫"摆金"、下雪叫"摆银"、解大便叫"撇山"、解小便叫"摆柳儿"。

有关动物天气方面：猪叫"黑毛子"，马"疯子"，骡"高脚子"，驴"条子"，狗"皮子"，虎"拦路子"，狼"柴禾子"，蚕"抽丝子"，牛"尖角子"，鱼"顶水儿"，熊"仓子"；鹅"长脖子"，鸭"扁嘴"，羊"山头子"，兔"草溜子"，猫"窟子"，风"轮得急"，太阳"红光子"，月亮"炉子"，星"定盘子"，天阴"插蓬了"，起雾"挂帐了"，退雾"清明了"，天黑"老光子坠了"，下雨"摆啦"，刮风"走溜子"；东"倒"，南"阳"，西"切"，北"裂"，山"架子"，上山"登架子"等等。

↑ 旧上海的社会势力头子杜月笙老照片

再比如土匪多有武装劫掠的行为，由于地域方言的关系，各地的春典还不尽相同。他们使用这些黑话，一是为了掩盖自己的土匪身份，以免行踪暴露，二还有辨识身份地位的作用。

四川土匪在行动时,不得直呼其名,而以"老大"、"老二"、"伙计"相称；叫枪为"通"，开枪为"生冲子"，出发叫"摇线子"，交火为"挂溜子"，撤退谓"吃舵子"，打得赢叫"吃得梭"，冲门翻墙叫"冲围子"，杀人叫"毛"，砍头谓"拿梁子"，打劫过路行商为"掸鞭子"、"宰根子"，劫船叫"打歪子"，运赃物叫"起货"，私吞赃物叫"掐股子"等等。

东北的土匪黑话也很多：枪叫"喷子"、"旗子"、"鸡脖子"，子弹叫"柴禾"，刀为"青子"，杀为"插"，配合行动叫"上托"；

盗牲口称"吃毛疆",盗墓谓"吃臭";绑票称"接财神";县城称"围子",农村叫"鸡毛店";走路叫"滑",休息叫"押白",侦察称"拉线",打仗为"开克",打伤称"踢筋",官兵称"水",巡警叫"狗子",兵称"跳子";劫路叫"别梁子",出发叫"上道",集合称"码头";出事了叫"窑变",报信叫"放笼",烧房子叫"放亮子",捆人叫"码上他",解散称"越边",散伙称"脱下";杀了他叫"插了他",揭发报官叫"举了",被抓住叫"掸脚子",逃出来为"扯出来",多次被抓叫"底子潮",抓俘虏叫"拣蘑菇",割耳朵叫"抹尖子",歇歇叫"拐拐",全村烧光叫"推大沟",等等。

张作霖早年也有过一段"响马"生涯

1923年,活跃在川滇黔交界的顽匪陈云武攻陷了重镇泸州城,其人自封城防司令兼永宁道尹。为了给自己名正言顺的一个名分,陈云武大摆酒席,宴请城内各机关法团、阔老士绅,为己捧场张目。就在这场酒宴上,陈云武发表了一篇假装斯文的充满土匪黑话的就职演说,成为历史上的笑柄。陈云武先对宾客说:"在下陈云武,就请列位将就喝'黄汤'(水酒)、捧'莲花'(杯盏)、'拈溜溜(肉片)'、'造粉子'(吃便饭),我老烟是识相的。抬头有玉帝皇天,埋头有土地老倌,在下给列位丢个'拐子'(敬礼),烧香点烛,朝贡进茶,图个官员们、绅粮们'举住'(支持)哟!"

然后,这位杀人不眨眼的惯匪又对部下讲道:"哥儿一杆子张耳闭嘴,你我前有缘后有故,落在一窝'草边'(哨棚),现时我等过了'灰沟'(翻山越岭),进了'广圈'(大城市),莫比一般'生毛子'(乡巴佬)。哥儿一杆子千万要'整住'(听招呼),'摆摆渡'、'过了河'(进城当了官),要给老烟留'粉壳壳'(面子),二天再莫打"门神"(越墙打门),再莫'牵票子'(绑票拉肥),再莫'亮窑子'(烧房子),再莫'拿梁子'(砍人头)。谁若"醒二活三"(乱搞不听招呼),我老烟'认得圆的认不得扁的'(对事不对人),老子不'毛'你是'虾'的(不杀你不算人)。"

就这一番话,如果不是土匪出身,谁又能听得懂。解放后,随着社会进步与文明发展,江湖的这种春典逐渐退出了历史舞台,人们对它就更不了解了。不过,有部分词语还是流传下来,我们今天常说的"大腕"、"走穴"、"下海"等词语,其实就是旧时的春典。

春 典

所谓春典,乃旧时江湖人彼此间相互联系交流的一种特殊的语言,亦称隐语、行话、切口、黑话。是中国流民社会群体一种独特的社会现象。在江湖社会中,各种集团或群体往往会通过见面礼节;随身物品的携带、摆放程序;饮食坐卧的规矩;以及厅堂的布置来暗示主客双方各自所要表达的意图。但仅仅这些还不够,最终的交流仍需要通过春典这种特殊的语言手段来彻底表达双方的意思。

世上唯一的女性文字——女书之谜

观点： 女书是中国湖南江永县一种只在女性间使用的女性文字，是目前世界上唯一一种女性专属的文字，属于音符字单音节表音文字。在专家正式发现女书之前，几乎没有男人懂得这种文字，可谓是男性看不懂的女性"密码"，事实上，女书记载的，也多是女性之间的故事与秘密……

1982年，武汉大学宫哲兵教授在湖南省江永县考察时发现了一种奇怪的文字，它只在湖南江永县、道县、江华县三县交界之处方圆不到一百里的汉族瑶族混居的地区流传，并且使用者全为女性。宫哲兵经过调查研究后，以学术论文的形式将这种文字介绍给外界，随即引起极大轰动，人们开始关注这种称为"女书"的文字。

女书之所以神秘，除了流行地区、使用人群、传承方式、功能作用，还有记录的语言、字形体势、符号性质等都十分奇特之外，还在于之前人们竟然对它一无所知。江永"女书"（以其发现地命名）的流传，史书不载，方志不述，当地族谱碑文，可说无一蛛丝马迹，外界少有知晓。

关于女书文字的史料记载，至今最早见到的是太平天国发行的"雕母钱"。该钱背面用女书字符铸印有"天下妇女"、"姊妹一家"字样。但

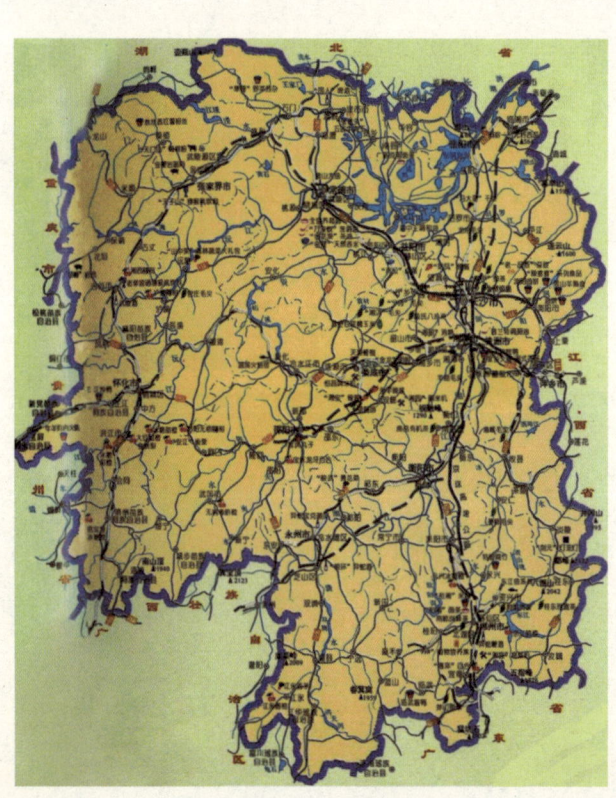

↷ 女书只在一个极小的地区流行，图为女书流行地区地图

此前有相关专家认为是后世的伪造品。1931年《湖南各县调查笔记》的《花山》条中，有"其歌扇所书蝇头细字，似蒙古文。全县男子，能识此种字者，余未之见"的说法。2005年9月，在湖南省东安县芦洪市镇斩龙桥上首次发现一块刻有女书文字的石碑，打破了对女书材质、流传地域、男女界限、时间年代等的传统认识。

有人以"女书"有近半数字符是从汉字蜕变而来为据，认定它是借源于方块汉字的一种"变异"的系统再生文字。反对者则认为，笔画及其组合结构的异同，是判定不同文字之间有无源流关系的直接依据。"女书"与汉字楷书相比，基本笔画不同，笔画结构和语言功能都迥异有别，而且"女书"中遗存的象形字、会意字均与甲骨系文字大相径庭，因此"女书"文字的源头绝非普通汉字。一些专家考察"女书"流行地区的地理，历史，人口民族成份和民风民俗状况，认为"女书"是受民族融和、移民文化影响的古老瑶族文字。

今天，人们搜集到的女书有近2000个字符；所有字符只有点、竖、斜、弧四种笔画，左低右高，略有倾斜，倾斜中持匀称平衡，右上角是全字的最高点，左下脚是全字的最低处。它的行款是由上至下，从右到左，可采用当地方言土语吟诵或咏唱。

女书作品，主要是韵文，散文很少。所有篇章均无标题，无标点，不分章节段落，一书到底，吟唱时运用音高、音强和停顿构成诗的节律。从体裁看，有书信、抒情诗、叙事诗、柬帖、哭嫁歌、歌谣、儿歌、谜

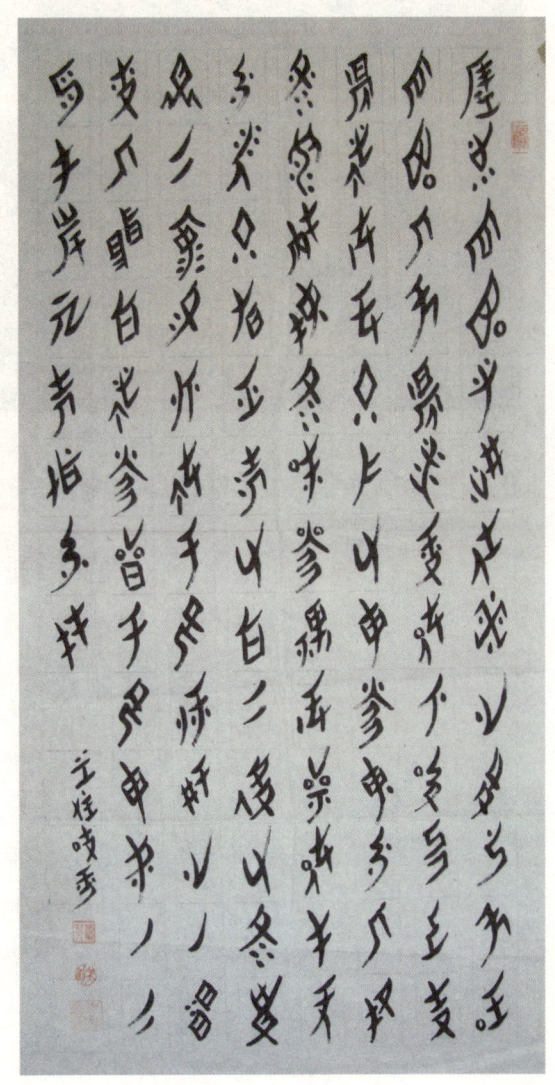

江永女书作品赏析

图为当地在一起学习女书的女子

语、祷神诗和唱本(翻译和改写汉语作品)等。与汉字不同的地方是：女书是一种标音文字，每一个字所代表的都是一个音。熟练的女书使用者可以用不到700个女书字，就能完整地记录当地土话。

使用女书的人群的生活方式基本上是传统的男耕女织，男婚女嫁，男尊女卑。女书老人几乎都是缠足。在当地，1949年以前，男人使用"男字""男文"(方块汉字)，女人使用女书(又叫女字、女文)。一语二文。女书主要用于结交女友间的通信娱乐，自传诉苦的唱读写本。作品主要内容是写婚姻家庭、社会交往、幽怨私情、乡里逸闻、歌谣谜语等，是当地女性之间抒发情感、互通信息及记录事物的秘密文字。

由于没有男性能够看懂，女书的使用者可以放心大胆直抒胸臆，尽情抒发自己的感情。这些作品内容丰富，有记录自己悲苦身世、透露出她们对命运的抗争的，如《义年华自传》《阳焕宜自诉》；有歌颂纯真的友情、怀念少女时代无忧生活、倾诉姐妹远嫁离情别恨的，如"姊呗茫茫不知过，妹在冷楼泪潜飘。……清早起来愁到黑，痛想别时别远天"；有哭诉婆婆虐待、丈夫暴力的，如"丈夫赌钱不休手，将台抛在赌钱台。……上身打得骨头断，下身打得血淋淋"；还有记载战争的残酷、奇风异俗的婚恋、祈祷祭祀的……总而言之，女书全方位地反映了婚姻家庭、生产劳动、文化娱乐、女红艺术、风俗习惯、祭祀史诗等多侧面的生活场景，是女性的苦情诗和血泪史。

↑ 目前，国家已经开始女书的保护工作，照片为女书文化村

目前，江永女书正处于濒临灭绝的境地，主要原因有三：一是江永地区多雨潮湿、住房条件较差，女书物件保存时间不会很长。二是由于传统的风俗习惯，女书作品大都随逝者一同焚烧，她们想带去阴间继续阅读书写，也不想女书上记录的秘密被他人所知，或是有些女人在其丈夫去世后焚烧一部分以示其忠诚。同时，由于过去重视不够，保护措施不力，致使一些"女书"作品遭到破坏。三是现在会女书的江永女

人已经为数不多，女书自然传人相继去世，所存无几，最后一个自然传人阳焕宜于2004年去世。

女书传授的方式比较特殊，没有课堂，没有教材，也没有专门的教师，只是通过家族传教、母传女受的方式学习，通过坐歌堂、斗牛、接三朝、吹凉节等活动互相交流提高，然而由于学习汉字的缘故，当地学习女书的人不断减少，而不恰当的移风易俗也使女书的社会适应性减弱。国家对此非常重视，2006年5月20日，女书经国务院批准列入第一批国家级非物质文化遗产名录。

女书的字形

女书文字的特点是书写呈长菱形，字体秀丽娟细，造型奇特，也被称为"蚊形字"。因为这个呈现弯曲细小的形状的特点，女书除了日常用作书写以外，也被当地的女子当成花纹编在衣服或布带上。

袖里乾坤——手上密码之谜

观点:除了写的密电,说的密语,密码还可以以手势和肢体语言的形式出现使用。生意经纪人的"捏码子",聋哑人的手语,印度舞中的手语以及洪门兄弟的茶阵,在不懂的人眼里,都是充满玄妙的密码语言。

民间流传的密码,除了能写能说的之外,还有一些是靠打手势或者肢体语言来实现的。在中国的乡村,每逢集市之日,常常有许多交易大牲畜的买卖。在这些交易中,活跃着一群"经纪人"的身

照片为山西地区经纪人"捏码子"的场景

影。一般来说，卖主和买主通常不直接叫价，通过经纪人在买卖双方斡旋。经纪人由熟悉牲口和行情的人担当，善于观牙口、看膘情，被众人公认。他们熟悉各种骡马牛的健康状况，对市场行情也颇为了解，买卖双方都愿意找其为自己服务。

这些"经纪"，从很早以前就保持着一种"捏码子"的传统，其目的是为了隐瞒掩盖讨价还价的具体过程与细节，防止别人撬行，搅了买卖。买主选定了牲畜，先与经纪人商量，双方把右手手指捏住，用袖口、衣襟或草帽遮挡，不使外人瞧见，彼此用规定的手指表示可以接受的价钱。经纪人心中有底后，与卖主以同样的捏码子方式进行讨价还价，直至买卖成交。整个交易过程，无须语言，成交情况都不露底。也有买卖双方直接捏码子的，但双方讨价还价差距太大，还需要通过经纪人用手语来回调节。每成交一笔买卖，经纪人从中抽取一小份数额做报酬。

主要是1、2、3、4、5用所伸指数为区别，一个指头为1、两个指头为2……五个指头为5；6-10以指形辨认，只有拇指和食指相捏为6，拇指、食指和中指相撮代表7，拇指、食指张开伸直为8，只有食指弯曲为9。将五指伸开翻一下为一百。如有百和千、万之大数则直接说出。

这种"捏码子"的手上密码，现在有别的行业也在借鉴。例如不方便直说或者竞争激烈的现场交易，许多人都利用"捏码子"讨价还价。比较多的有古玩收藏、玉石翡翠交易等场合，所以说，了解一些"捏码"的知识，还是很有用处的。

说到手上密语，有一个组织不得不提，这就是旧社会非常著名的帮派组织——洪门。

洪门是清朝最有历史的反政府组织，在满清统治中国期间，洪门从未停止过反清复明的武装行动。白莲教，小刀会，天地会等许多反抗组织,都起源于洪门。也许有些人还不知道,由于坚持抗清武装斗争,"洪门"会党成为了太平天国和辛亥革命的重要同盟军,孙中山、秋瑾、陶成章等辛亥革命党人曾先后加入"洪门"组织,孙中山先生甚至称"洪门"组织为"民族老革命党"。

由于清政府的不间断和残酷镇压,洪门内部设定了大量的暗语、手语和著名的茶杯阵,就是为了防止清廷奸细渗入洪门。这套东西在当时是高度机密,一旦公开便可能被朝廷的鹰犬走狗渗透。当年江湖上有所谓"宁传十套拳,不教一口仙"的传统,这个一口仙其实就是洪门组织的暗语。

洪门兄弟见面出手不离三,一定会用手势表示出数字"三",就算闹市之中不能对话,也可用手势交流。手上摆出的是"三八二十一",这一行数字组成了一个"洪"字:三是左边三点水,八是右边共字的下部两点,二十一就是右边共字的上部,廿字的下边再加上一横,正好组成一个"洪"字。

三八二十一是洪门兄弟相认的秘密暗号,非经过严格审查背景的人,没有加入洪门学习过暗号者,不可能解读。洪门子弟出门一般先对手势,比如递物用两个手指头,接物用三个手指头。自己人看到了就会对暗语。暗语对上了就是自家兄弟,必须接待食宿。因为根据洪门门规如"言明会中人不加关照,则用棍棒责罚。"

除了以上隐语与手势,洪门茶阵也是洪门暗号隐语文化的重要内容,洪门联络地点多设于茶铺酒肆,既避免官府的注意,又用以联络同志、传递讯息。茶阵的构成要素相当简单,一只茶壶、数只茶杯,便能幻化出不同的阵形。茶阵的主要功能有四种:试探、求援、访友、斗法。"试探"乃是以茶阵考验对方是否为洪门同志;"求援"则是以茶阵暗示己身有危难,需要同志相助；"访友"是在登门拜访朋友同志时，藉茶阵的摆设以探知对方在家与否；"斗法"则有互相较劲之意。

"茶阵"分成三阶段：布阵、破阵、吟诗。第一阶段"布阵"，将茶阵摆出。第二阶段"破阵"，由对方破解，通常经由茶杯的移动、茶水的倾到以达到破阵的效果；如果对方能够破阵，就可能是洪门同志。第三阶段的"吟诗"，则是在破阵以后，由破阵一方吟出所破茶阵的对应诗句，达到双重确认身份的效果。

洪门名字的来历

洪门名字的来历据说有三：1，明太祖的年号是洪武，所以取洪为名。2，明皇姓朱，即红色，洪与红共享。3，拆字以汉字除去中间中土二字，有汉失中土之意。

福尔摩斯与"跳舞的小人"之谜

观点：在柯南·道尔所写的《福尔摩斯探案全集》中，有一本《跳舞的人》尤其精彩。在这个探案故事中，"福尔摩斯"利用频率分析法，天才般地破译了一个看似无解的密码。虽然只是小说中的场景，但其中表现的悬疑、紧张与完美的推理，实为密码破译的一个精彩案例。

《福尔摩斯探案全集》中有一本名为《跳舞的人》，讲述了一个匪夷所思的密码破译故事。故事的大意是：在英格兰的一个庄园里，希尔顿·丘比特先生清晨就在花园里寻找着什么，脸上满是不安与焦虑。因为近一个月以来，家里的花园、窗户与门口时不时会出现一些画着跳舞小人的小纸条。丘比特先生看不懂上面写了什么，但他深爱的妻子埃尔茜·帕特里却被这些小纸条吓得诚惶诚恐。虽然害怕，但可怜的埃尔茜似乎有难言之隐，什么也没说。这些跳舞的小人代表着什么呢？疑惑的丘比特带着几张收集而来的小纸条找到了福尔摩斯，他希望这个大侦探能给他一个明确的答案。

福尔摩斯接手了这个案子，看上去，这些跳舞的小人就是一种密码，代表着某些意思。福尔摩斯煞费苦心，终于把它破译。当福尔摩斯赶到庄园的时候，才发现丘比特夫妇已经倒在了血泊之中。经过勘察，希尔顿·丘比特被人杀害，而埃尔茜·帕特里为自杀身亡。

悲愤的福尔摩斯此时已经破译了整个密码，他知道凶手是谁。很快的，他利用"跳舞的小人"密码给凶手写了一封信，以埃尔茜的口气邀请凶手前来。此时凶手并不知道埃尔茜自杀的事，而且他确信只有埃尔茜才懂得这种密码，所以他对这封信件信以为真，以为是埃尔茜叫他前去。当凶手如期赴约之际，

↻《福尔摩斯探案全集》

↑ 戴着猎人帽,手里拿着烟斗,是福尔摩斯探长永远的装扮

被警察抓了个正着。

整个案件的真相是这样的:原来,埃尔茜有着一段难以言表的身世。这些纸条上画的"跳舞的小人"是美国芝加哥黑帮分子的密码,就是女主人埃尔茜的父亲发明的。埃尔茜少年时和凶手阿贝·斯兰尼有着很亲密的关系。后来,埃尔茜想结束那种生活并断绝和阿贝·斯兰尼的关系,便从美国来到英国。没想到,阿贝·斯兰尼追到了英国,用密码写成信请求埃尔茜和他重修旧好。在埃尔茜拒绝之后,他便开始威胁她。结果他杀死丘比特先生后仓皇逃走。埃尔茜看到丈夫被杀身亡,悲痛之下,便自杀来向丈夫赎罪。

柯南·道尔在小说中设计了一个巧妙的推理破译过程。当福尔摩斯第一次看见希尔顿·丘比特先生送来的纸条时,他就断定这些"跳舞的小人"是替换密码。替换密码的破译方法主要是对密码的信息进行"频率分析"。所谓频率分析是指对密码中每个信息出现的次数进行统计分析。在用英语写成的密码中,字母是它的信息,这种"跳舞的小人"密码中的信息,就是那些人形。在第一张纸条中,他发现在15个跳舞的人形中有四个是一样的。依据人们对英语的统计,E是英文字母里使用最频繁的字母。因此，他假定这个小人就代表字母 E。另外，他还发现，在跳舞人形中，有的拿着小旗，有的则不拿。于是他断定手拿小旗的人形表示字母的间隔。

当福尔摩斯看到第四张纸条时，他非常兴奋。这条信息只有五个人形，其中第二个人形他已确认是字母 E 了，而且没有拿着小旗的人形。也就是说，这是一个由五个字母组成的单词，而且第二个和第四个字母都是 E。在英文中，由五个字母组成，而且第二个和第四个字母都是 E 的单词不多，常用的只有三个，分别是：sever(断绝)，leverh(杠杆) 和 never(决不)。经过排除，福尔摩斯断定这个单词是 never(决不) 的可能性极大，因为另外两个单词不是日常会话所用得上的。这样，他又弄清楚了代表 N、V、R

⬆ "跳舞的小人"其中隐藏着不为人知的密码

↑ 虽然只是一个虚拟人物，但福尔摩斯的形象可谓深入人心，家喻户晓

↓ 照片为创造了"福尔摩斯"经典形象的柯南·道尔

三个字母的人形。至此，他已破译了四个字母，并依据案情断定，这张写着"Never"的纸条是埃尔茜为了表示拒绝而写给某人的。

福尔摩斯已基本掌握了破译这种密码的要诀，当他看见第五张纸条时便大吃一惊。因为在这张跳舞的小人图上，如果把已知的字母代替之后，便得出：ELSIE ◎ RE ◎ ARETOMEETTHYGO ◎，将空缺处用字母 P、D 填入后，全句为：Elsle Dreparet, meet thyGOD（埃尔茜，准备见上帝吧。）福尔摩斯正是看到这条信息，才意识到希尔顿·丘比特夫妇有危险。当他赶去时，凶手已经做完案子逃之夭夭了。

上文中提到的频率分析法，是破译古典密码的利器。频率分析基于如下原理：在任何一种书面语言中，不同的字母或字母组合出现的频率各不相同。而且，对于以这种语言书写的任意一段文本，都具有大致相同的特征字母分布。比如，在英语中，字母 E 出现的频率很高，而 X 则出现得较少。类似地，ST、NG、TH，以及 QU 等双字母组合出现的频率非常高，NZ、QJ 组合则极少。简单说，英语中出现频率最高的 12 个字母可以简记为"ETAOIN SHRDLU"。

当然，如此精彩的破案故事还要拜柯南·道尔所赐，这位塑造了"福尔摩斯"形象的大作家是一名博学多才的多面手。除了脍炙人口人人耳熟能详的侦探悬疑小说《福尔摩斯探案全集》外，他还曾写过多部其他类型的小说，如科幻、悬疑、历史小说、爱情小说、戏剧、诗歌等。从这个故事也可以看出，柯南·道尔对密码学也有一定了解。

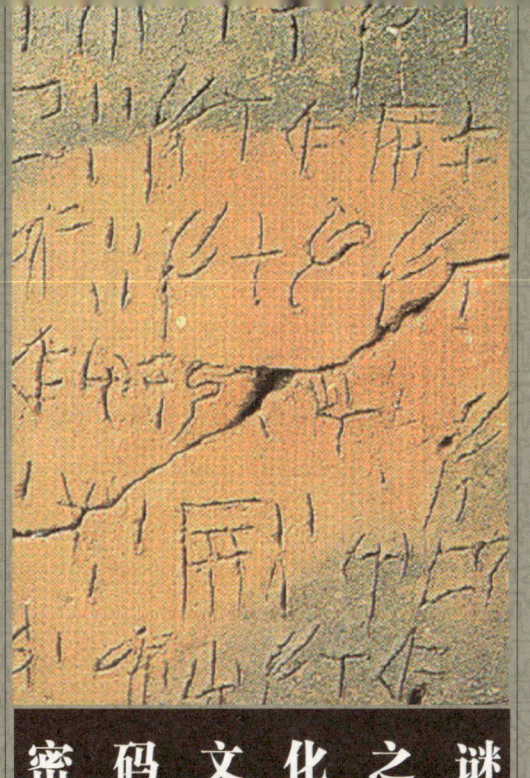

密码文化之谜

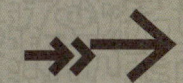

○ 伏尼契手稿密码之谜
○ 古代中国都出现过哪些密码
○ 如尼字母之谜
○ 达芬奇密码说了些什么
○ 10种至今难以破译的密码
○ 纳斯卡线条，宇宙的密码？

伏尼契手稿密码之谜

观点：连世界顶尖的密码高手也无法破解"伏尼契手稿"中的密码之谜，如果它不是一种高深的密码或史前文字，那么它就是一个诓骗后人的骗局。

"伏尼契手稿"是迄今为止最为神秘的手稿之一，自发现至今，已有近100年的历史，在这近一个世纪里，世界各地的密码大师们都试图挑战它，均以失败告终。这份几百年前诞生的手稿，至今还是如一个沉默的谜一样，挑战着密码界。

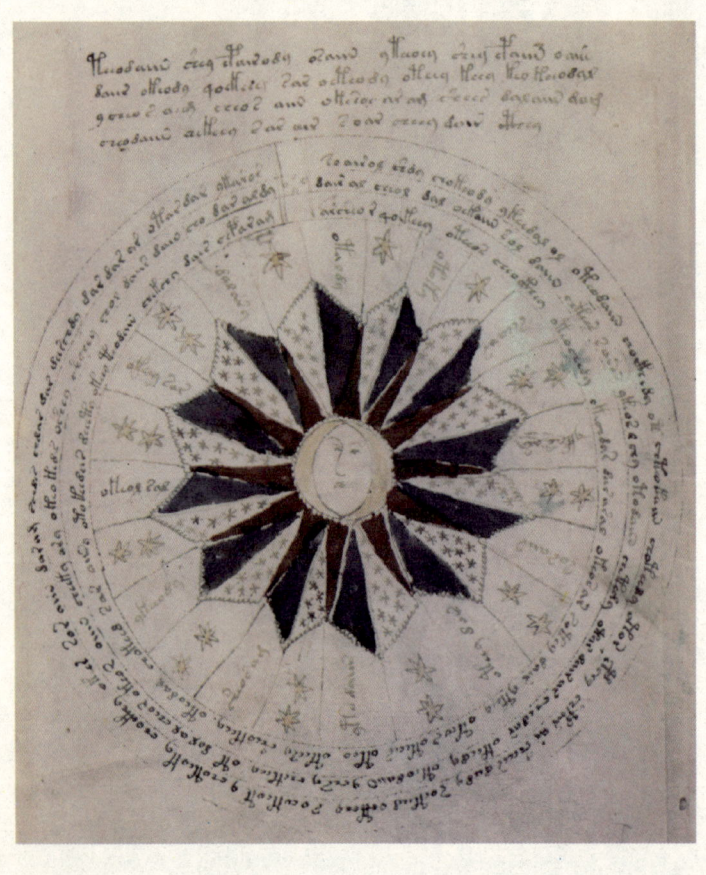

◆ 谜一般的"伏尼契手稿"

"伏尼契手稿"发现于1912年。美国珍本书商伏尼契在罗马附近一所耶稣会大学逛图书馆时，发现了这本厚达232页的手稿，故手稿被命名为"伏尼契手稿"。这份长7英寸、宽8英寸的手稿十分独特，它的内容以奇特的天书一般的文字写成，其中还有许多不知名的奇花异草、占星术图片符号和美女出浴等奇特的图片，似乎由中世纪的炼金术士或草药医生所著。从手稿中所画人物的发式来看，当属15世纪到16世纪的作品，手稿中还有一些文字说明，1586年，这份手稿曾一度为神圣罗马帝国的鲁道夫二世所有，并从他手中流传到一些贵族和学者手中。17世纪末的时候，手稿突然消失了，直到200年后的1912年，经由伏尼契的发掘而又重见天日。

伏尼契如获至宝，认定这份手稿中隐藏着巨大的信息，将其买了下来，并广邀密码界顶尖专家来破解这份奇特的手稿。但是显然，这份手稿超出了密码专家的经验范围，它既不符合任何一种已知的语言，也无法通过现有的破译密码的方法找到破绽。顶尖的密码学家们带着极大的兴趣而来，但都扫兴失望而归，没有一个人能解开"伏尼契手稿"中的秘密。

1921年，美国宾州大学哲学教授纽柏德宣称，他破解了"伏尼契手稿"

↑ 鲁道夫二世

密码。他指出，将伏尼契手稿中的字母放大之后，会发现一些小笔画，这种小笔画是古希腊的一种速记文字。据此，他推断"伏尼契手稿"是13世纪的哲学科学家培根所撰，内容主要反映了他的发现。不久，他的发现即遭到了反驳，批评者证明，那些所谓的小笔画不过是墨

鲁道夫二世

鲁道夫二世（1552年–1612年）是哈布斯堡王朝的神圣罗马帝国皇帝，也是匈牙利国王、波西米亚国王和奥地利大公。

传统的历史观点认为，鲁道夫是一个碌碌无为的统治者，他在政治上的失误直接导致了三十年战争的爆发。不过鲁道夫喜爱神秘艺术和知识，是文艺复兴艺术的忠实拥护者，他的兴趣十分广泛，包括骑马、钟表、收藏珍宝、艺术品和科学，在1627年发表了可以计算太阳、月亮和行星运动的《鲁道夫星行表》。可以说，鲁道夫在一定程度上促进了科学革命的发展。

↑ 伏尼契让手稿重见天日

水的自然裂痕罢了。

纽柏德的失败只是一系列错误解读的开始。随后的几十年里，陆续有人宣称自己破译了"伏尼契手稿"密码，例如，1940年，业余解码家费利和史壮，曾将伏尼契手稿中的字母以密码代换法转化成罗马字母，结果得到的文字毫无意义；美国军方密码人员在闲暇之余，破解了几乎所有古代密文，却对伏尼契手稿一筹莫展；1978年，喜欢在业余时间研究文献的史托济科指出，伏尼契文其实是以乌克兰文写成的，只不过其中的元音去掉了。但接着根据他所说的方法转译出来之后，人们发现内容与插图并不吻合……

一系列的挫败，让人们对"伏尼契手稿"的内容产生了怀疑。有人认为，"伏尼契手稿"并非什么高明的密码，只不过是某个疯狂的炼金术士制作出来用来骗鲁道夫二世的，据说，鲁道夫二世买下这份手稿总共花费了600达卡特金币（约为5万美元）。支持这一说法的人认为，伏尼契手稿可能是通过一个随即文字产生表制作出来的，而这种工具早就已经弃之不用了，所以人们很难识别出来。英国基尔大学的计算机专家戈登·鲁格还曾利用一种名为"卡

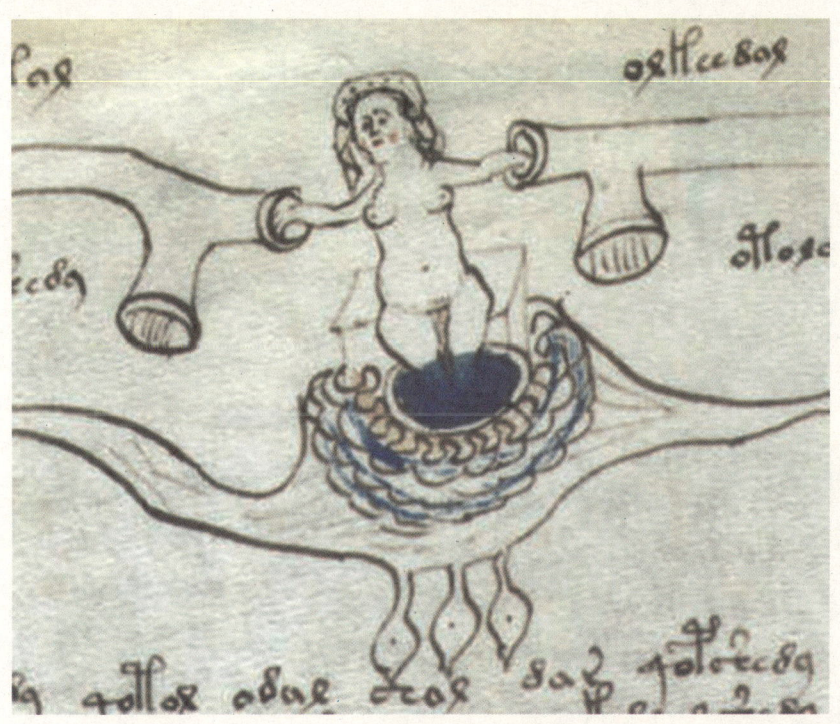

↑ 伏尼契手稿中的美女出浴图

"丹格子"的加密工具,创作出一本与"伏尼契手稿"有着相同特征的书。鲁格认为,"伏尼契手稿"是英国伊莉莎白时期的冒险家爱德华·凯利所制,为的就是从嗜爱神秘书籍的鲁道夫二世那里骗取钱财。反对者认为,鲁格的作品不足为证,他只有制作出一本与"伏尼契手稿"完全一致的书,才能证明自己的观点。

也有人认为,伏尼契文十分之复杂,而且还有厚厚的232页,一个中世纪的骗子怎么可能制造出如此庞杂、结构和文字的分布又有许多精微规律的手稿呢?一些解码者在通过仔细地观察之后,发现"伏尼契手稿"中的文字隐藏着一些精微的规律。例如,一些常见字母每行都会出现两三次,而且文字的组成结构也具有相当的规律性。像手稿中经常出现的一个音节 qo，总是作为前缀出现，另一个常见的音节 chekd 的使用也很有规律性，它有时做前缀出现，但一旦和 qo 同时出现时，一定会出现在 qo 的后面；伏尼契手稿中的文字长度呈现二项分布的特征，也就是说，一般的常见字都是由 5 到 6 个字母组成，而那些字母较多或较少的字，它们出现的频率与对称钟形曲线的最高峰相比则大幅降低。这种分布规律与人类语言极为不同，因此，人们猜测，伏尼契手稿或许是某个失落文明或者是外星人遗留下来的作品，它超出了人类的认知经验，因此无法被人类所破解。

"伏尼契手稿"一直是密码界悬而未解的谜，也因此被认为是"世界上最神秘的书"。如今，这份令解密者蠢蠢欲动却又束手无策的手稿保存在耶鲁大学拜内克珍本及手稿图书馆内，静静地等待着世人揭开谜底的那一天。

密码机

密码机是按照一定的程序为信息加密和解密用的设备。密码机由密钥、信息输入装置、编码器和信息输出装置组成。加密是将输入密码机中的明文变换成以一定代码表示的字母或数字的随机暗码，暗码可以根据具体情况，利用通信技术设备、邮局、通信人员等任何一种手段传送，收到的暗码仍用加密时所使用的密钥解密。密码机要求有固定的信道，也可以与保障线路的设备一起配套使用。密码机是由接线板、键盘、显示屏和转子组成。当人按下一个键时（比如w），电流通过接线板，经过转子时移动位置（比如从w移动到s，这个可以由人们任意调整），再打在屏幕上。使用这种机器时一般有两个人，一个打字，一个记录。

古代中国都出现过哪些密码

观点：作为文明古国，中国是世界上使用密码通讯最早的国家之一，早期的密码广泛应用于军事、社会生活当中，并逐渐有了现代密码学的雏形。

根据史料记载，密码最早出现在希腊的军事中。作为文明古国，中国也是世界上使用密码通讯最早的国家之一，在一些史料中，我们可以发现密码广泛的应用于军事以及社会生活当中。

从有据可查的资料来看，最早提到密码的应该是战国时期的《六韬》。其中有一篇假托姜子牙的口气，向周文王介绍如何使用阴符，"主与将，有阴符。凡八等，有大胜克敌之符，长一尺。破军杀将之符，

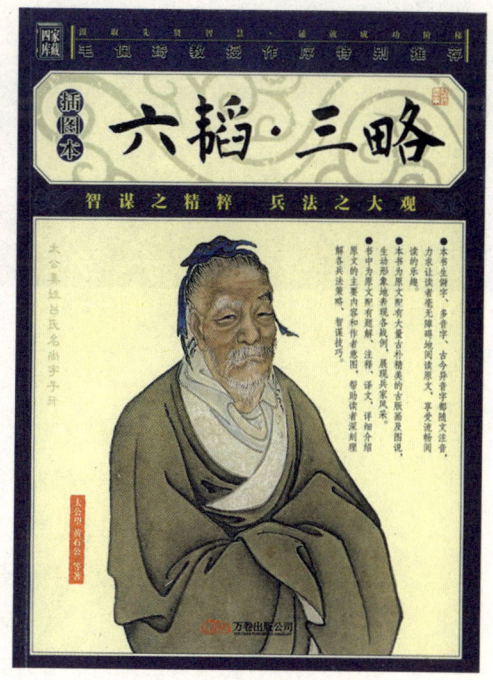

↓《六韬》被誉为兵家权谋类的始祖

《六韬》

又称《太公六韬》、《太公兵法》，普遍认为是后人依托周初太公望（即姜子牙）所著，作者已不可考。成书于战国时代，全书以太公与文王、武王对话的方式编成，是一部集先秦军事思想之大成的著作，在军事方面主张"伐乱禁暴"、"上战无与战"，强调"知己知彼"；要求战争指导者"行无穷之变，图不测之利"，机动灵活地运用各种战略战术；它重视地形、天候对战术的影响；总结了步、车、骑各兵种各自的战法及诸兵种的协同战斗；它详细地记述了古代指挥机关的人员组成和各自的职责，提出因士兵之所长分别进行编队的原则等等，对后代的军事思想有很大的影响，被誉为兵家权谋类的始祖。

▲ 烽火台在古代用来传递军情

长九寸；降城得邑之符，长八寸；却敌报远之符，长七寸……"，这其中的阴符，也即"隐蔽的兵符"，就是今天所说的密码。

除了阴符，《六韬》中还提及了另一种秘密通信的方式——《阴书》，所谓阴书，就是将一封完整的密信拦腰截成3段，由3个人各持一段，在不同的时间，从不同的路线分别出发送给收信人。收信人只有收齐3段信才能看到全部内容。如果送信人中的某一个人被敌方截获，对方也很难从只言片语中读懂信的内容。

一般认为，这是中国古代最早的密码。随着军事的进一步发展，逐渐发展出一些比较有代表性的传递军情的密码，如烽火，这是古代边防军事通讯的重要手段，烽火燃起就表示有敌情，山峰之间通过烽火传递讯息，这还曾引出历史上的"烽火戏诸侯"的典故。再比如蜡丸、号炮等，都是传递讯息的工具。秦汉以后，在秘密通信中还出现了各种密诗、符号以及一些密封技术，如用蜡将信密封以防泄漏。

唐代武则天曾破译一封密信，及时地铲除了异己。武则天在唐中宗即位后，以太后名义干预朝政，行事武断，引起朝臣裴炎、骆宾王和徐敬业等的不满。徐敬业在扬州起兵反抗武则天专政，裴炎给徐敬业写了封密信。不料密信落到武则天手中，上面仅写着"青鹅"二字，武则天思索片刻便悟出了"青鹅"的秘密。"青"字乃"十二月"，"鹅"字拆开就是"我自与"，暗示裴炎让徐敬业于十二月起兵，他将做内应。密信被破，起兵失败，武则天派兵击败了徐敬业的武装反抗。

除了实物传递外，一些信息还可以通过隐语来传递，如口头隐语、书面隐语、人体隐语等。在清朝时期的洪门，曾编制出一套隐语来实现联络，分清敌我，比如他们将酒杯叫连米，筷子叫双铜，称和尚未念三，官兵为猛风等。隐语的使用很大程度上保护了洪门

↑《武经总要》

↑ 蒲松龄画像

中人。隐语与兵符的结合，就产生了密码。

密码在古代中国的军事中有着广泛的运用，根据北宋军事家曾公亮所著的《武经总要》记载，他在前人的基础上，研究出了中国古代最早的密码系统，他收集了40个军中常用的短语，将其编制成密码本，而密钥则是一首没有重复字的五言律诗。部将出征时，会从主将那里拿到一本密码本和一首约定用作密钥的五言诗，有了这两样，便可编制和破译密码，传递军事信息。

这种军事密码较早期的阴符有了很大的突破，在当时的军事作战中起到了很大的作用，可以算是现代密码学的雏形。

密码不仅广泛应用于军事中，在日常生活中也有很广泛的应用。例如，古人常玩的"拆字游戏"，即是一种编制与破译密码的活动。

拆字游戏是古代文人闲聚时常玩的一种游戏，这与汉字的特性有关：一个汉字有可能是由多个汉字组合而成，如双木成林，三口为品，古人早就发现了汉字的这种特质，于是也就有了拆字游戏。蒲松龄《聊斋志异》中有一则故事《鬼令》，其中就讲到，一个人下乡做生意时，夜间在一座古庙借宿，看到四五个鬼拿着酒在玩拆字游戏。

拆字游戏除了是文人相聚时打发时间的游戏，也可以用来形象、简洁地解释一些字词。例如，什么是"王"？按照古人的解释：

"王，天下所归往也。"，所谓的王者，就是那些天下人都归从他的人。这是古人的解释，再看看董仲舒的说法："古之造文者，三画而连其中谓之王。三者，天、地、人也；而参通之者，王也。"经过董仲舒的一番"拆字游戏"，把抽象的"天下所归往"说成参悟了天地人的人，简洁明了，开启心智。

曾公亮密码本中收录的40个短语

曾公亮收集的40个军中常用短语包括：1请弓、2请箭、3请刀、4请甲、5请枪旗、6请锅幕、7请马、8请衣赐、9请粮料、10请草料、11请车牛、12请船、13请攻城守具、14请添兵、15请移营、16请进军、17请退军、18请固守、19未见贼、20见贼讫、21贼多、22贼少、23贼相敌、24贼添兵、25贼移营、26贼进兵、27贼退兵、28贼固守、29围得贼城、30解围城、31被贼围、32贼围解、33战不胜、34战大胜、35战大捷、36将士投降、37将士叛、38士卒病、39都将病、40战小胜。

如尼字母之谜

观点：如尼字母不光是一种书写符号，它还蕴含着深厚的智慧和神奇的魔力，人们通过它，可以领会到神的指引。

如尼字母是一种已经灭绝的字母，始于1500年前的北欧和日耳曼人，"如尼"（Rune）来自德语中的Raunen，有"神秘"、"隐蔽"之意，如尼字母也因此具有一些可以占卜的神秘因素。最早的如尼字母是老弗萨克（Futhark），它代表的是起始的6个如尼字母，也即：Feoh、Ur、Thorn、Ansur、Rad 和 Ken。

如尼字母并不是一种语言，而是一种书写符号，一般认为，如尼字母发端于古德国，共有24个字母，主要用于占卜和魔法。后来经传播，如尼字母在斯堪的纳维亚地区流行起来，并被简化成16个字母，而在英国人的祖先盎格鲁－撒克逊人那里，如尼字母又得到发展，扩展到33个字母。如尼字母一般刻在石头、木块上，今人在一些岩石的雕刻中发现一些如尼字符。值得一提的是，如尼字母经过传播，散布到不列颠、北欧、冰岛等地，流行大半个欧洲，所以今天所说的如尼字母，指的是包含了大半个欧洲、有不同的语言和文化背景的如尼字母的

◆ 如尼字母表

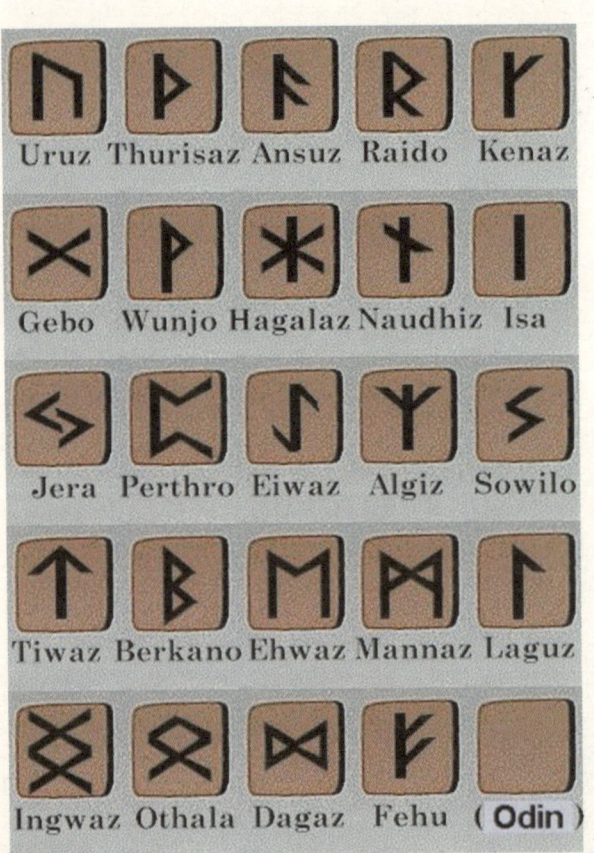

总称。

细心的人会记得，在电影《指环王》中曾出现过如尼字母，它是与魔法联系在一起的。在古代欧洲，文字与魔法之间，有着一种天然的联系，如尼字母就承载着神秘的魔力，它的每个字母都富含深刻的含义和属性。古时的人们相信，如尼字母中蕴含着一种神力，通过它，可以参悟到智慧和领略到神的引领。在北欧神话传说中，众神之父奥丁为了获得智慧，将自己吊在宇宙树上，参悟宇宙的奥秘。历经九天九夜之后，奥丁失去了一只右眼，但他获得了如尼文的智慧。

如尼字母的这种魔力为古时的人们所推崇，人们为了实现自己的愿望，常常把自己的愿望用如尼字母刻在木头上，或者写在纸上，随身携带着。撰写这份如尼手稿时，人们需要凝神屏息，精神高度集中，这样可以将人们心中所想所思的愿望传递到手稿中。当如尼字母写就的手稿产生魔力，帮助人们实现了自己的愿望之后，人们就会虔诚地将其焚烧掉，以示对如尼字母的敬意和感激之情。

如尼字母的魔力除了可以帮助人们寻求渴望的结果，还可以被用

24个如尼字母的含义

如尼字母的含义既有实物具象的，也有比较抽象的。24个如尼字母被以8个为一组分成三部分，称为"埃特"，分别为弗蕾（北欧神话中的丰饶、兴旺、爱情与和平之神）埃特、哈格（北欧神话中的阻遏、困难之神）埃特以及提尔（北欧神话中的战神）埃特。

Feoh最简单的意思为牛，引申为钱和拥有物以及精神意义上的财富；Ur的实物具象意义为野牛，引申为一种难以控制的自由力量、精神和内心的力量；Thorn最简单的意思为攻击武器及防御手段，引申为能量；Ansur，它象征着智慧与理性；Rad,表面的意思为旅行或轮子，深层次的含义为一项需要坚忍、计划和决心才能完成的艰巨任务；Ken的字面意思是光明，引申为创造性的光芒和新思想的创造；Gifu的字面意思为礼物，引申为一种契约；Wyn意为报酬，在深层次意义上代表了伙伴关系及分享快乐；Hagal字面意思是冰雹，引申为不可预测的分裂、困难与疾病等；Nyd指的是穷苦艰难，引申含义为坚忍与耐心；Is最简单直接的意思是冰，深层次的含义为计划的搁浅和激情、愤怒的平息；Ger,指的是秋天的收获，深层次的含义是自然的正义；Eoh的字面含义是紫杉树，深层意义上，它代表连续和持久；Peorth是一种骰子摇晃器，深层次含义为适度的饮食和性的快乐；Eolh指麋鹿的角，深层次的含义是保护和成功的要求；Sigel指太阳的力量，也象征着胜利；Tyr是北欧神话中的战神，它引申为决心、坚忍和男性的性欲；Beorc是桦树，引申为新生、净化和复兴；Ehwaz最简单的意思是"马"，在最深层的意义上，它代表精神的进步和伙伴关系、忠诚；Man代表人类的个体，引申为人类所特有的智慧、语言、计划等能力；Lagu字面意思是"水"，深层次的含义是女性的直觉能力、精神意识以及对无意识的接近；Ing代表结论或结束，在深层意义上，代表精神的抱负与成就；Daeg指的是白天，衍生出生长、变化以及发展的含义；Odel代表土地本身所带来的财富，引申为累积和长期的生长。

↑ 如尼字符经常被刻在石头上

来害人。在北欧，有一种"如尼魔文"，即以如尼字母写成的一种魔文。据说，一个人如果收到别人抛给他的如尼魔文后，会出现异常的表现，隐隐之间总觉得身后有狗一样的东西始终尾随自己，尤其是在夜间，后背上有如针芒一样的注视的目光会让他坐如针毡、辗转反侧，这种奇怪的感觉会一直缠绕着他，直到他收到如尼魔文的第90天时，死神便如期而至了。

正是鉴于如尼字母的巨大魔力，它还被用在战斗中。在一些勇士所使用的剑上，会刻上如尼字母，它不但可以使勇士在战斗中愈战愈勇，还给敌人带来痛苦和更多的死亡。

当人们因为一个问题而迟迟无法做出决定时，如尼字母还可以给人们以正确的指引。这个时候，如尼字母被人们用于占卜。那些希望获得神的引领的人，会从一个装着24个如尼字母的袋子里取出一些字母，他们认为，自己的手在精神的引领下选出了一个恰当的字母。那么，这些选出的字母如何进行解读呢？比较常见的有"十字解读法"、"3/6个如尼字母解读法"。

"十字解读法"是将5个如尼字母排成十字形，其中，位于中间位置的字母代表的是当前的处境，这个十字所指向的"西面"的字母指的是当前处境的历史。"北面"的如尼字母代表占卜人对未来所渴望的进步;"东面"预示着未来,"南面"代表通往未来途中的障碍。

按照"3/6个如尼字母解读法",第一个字母所示的是占卜人的当前处境,第二个字母暗示了前方的道路,而第三个字母指向的是接下来的行动。这是3个如尼字母的解读法,6个如尼字母的解读法与之类似,只不过以上所说的三个方面均有两个字母代表,这样它所提供的见解就更为深刻与复杂。

北欧神话

北欧神话是斯堪的纳维亚地区特有的一个神话体系,它形成时间晚于世界其他几大神话体系,最早的北欧神话以歌曲的形式出现,到中世纪时,由冰岛学者用文字将它们记载下来。

北欧神话是一个多神系统,可以分为诸神、精灵、巨人和侏儒。其中,巨人是最早的生命,它们生出诸神,但却又是众神最大的敌人,精灵和侏儒为半神,它们服务于神。北欧神话与其他神话体系有截然不同之处,其中的神并非万能的,本身也会面临着死亡的命运;世界也不是永恒的,当万物消亡,新的生命将再次形成,世界上的一切都处于循环之中。

达·芬奇密码说了些什么

观点：《达·芬奇密码》用一连串的密码将故事层层推进，制造出悬念，在不断地解码过程中，从历史、宗教、哲学等多角度、多学科构建情节，令作品在独特的情趣中增添了许多知识性。

○《达·芬奇密码》电影海报

2006年盛极一时的好莱坞大片《达·芬奇密码》是根据美国畅销书作家丹·布朗的同名小说改编而成。故事从法国卢浮宫馆长雅克·索尼埃的被杀开始，他留下的一串双关语和密码线索，指引着他的孙女索菲·纳弗以及哈佛大学符号学教授罗伯特·兰登去探秘，在经过重重的解码之后，索菲和兰登教授揭开了基督教的秘密。

整个故事就是一个破译密码的过程，一个谜底往往是下一个谜的谜题。卢浮宫馆长雅克·索尼埃显然是一个密码高手，他在临死前设下了一个迷局，第一道谜题就从他身边的一串数字和一句看似莫名其妙、毫无意义的话开始。这其中就涉及到著名的斐波那契数列和变位字链，经过这两种解码之后，看似无意义的数字和话中隐藏的信息就出现了——一个神秘的账号和达·芬奇的名画《蒙娜丽莎的微笑》。

↑ 恢弘的卢浮宫博物馆

根据第一条线索，索菲和兰登找到了那副举世闻名的名画《蒙娜丽莎的微笑》，等待他们的又是一个谜——循着一串血迹，他们在画旁边的墙上看到了一行字：男人的骗局如此阴暗。这行字的谜底经兰登破译之后，又指向了达·芬奇的另一幅名画——《岩窟中的圣母》。在达·芬奇的这幅名画《岩窟中的圣母》中，索菲和兰登又找到了下一个线索：一个带白色鸢尾花的钥匙。上面刻有

↑ 达·芬奇名作《岩窟中的圣母》

苏黎世银行的地址，而雅克·索尼埃留下的那串数字正是银行的账号。在这家银行里，索尼埃藏着一个与传说中的圣杯有直接关系的秘密——藏密筒。这是一种古老的密码机器，索菲对这种密码机器十分熟悉，在她孩提时代，雅克·索尼埃似乎就有意识地在培养她破译密码的能力，亲手做了一个藏密筒给她。人们将秘密信息写在一张很薄的莎草纸上，然后将莎草纸卷在一个装满醋的易碎的玻璃小瓶上，放入藏密筒内。藏密筒的外部有5个圆盘，每个圆盘上都刻着26个字母，只有转动圆盘拼出正确的密码，藏密筒才会打开，如果有人强行将其打开，就会弄破玻璃瓶，瓶中的醋会迅速溶解莎草纸，这样一来，其中的秘密信息就无法得知。

玫瑰标志之下，正是圣杯所在，这是雅克·索尼埃临死前对杀手西拉所说的，这个装在带有玫瑰花标志的盒子中的藏密筒也许藏着圣杯的秘密，联想到"男人的骗局如此阴暗"和白色鸢尾

斐波那契数列

斐波那契数列是由意大利数学家昂那多·斐波那契所发明。斐波那契数列指的是这样一组数列：1、1、2、3、5、8、13、21、……这组数列的特征是：从第三项开始，每一项都等于前两项之和，而且更为奇妙的是，随着数列项数的增加，前一项与后一项之比越来越接近黄金分割的数值0.6180339887……；从第二项开始，每个奇数项的平方都比前后两项之积多1，每个偶数项的平方都比前后两项之积少1。

斐波那契数列还可以在植物的叶、枝、茎等排列中发现，例如，在树木的枝干上选一片叶子，记其为0，然后依序点数叶子，直到到达与那片叶子正对的位置，则其间的叶子数多半是斐波那契数列。

花,研究历史的兰登教授想到了一个秘密组织:锡安会。这个组织的徽标即是一朵白色鸢尾花,它肩负着一个神圣的使命——保护上帝权力的来源。

为了了解更多的关于圣杯的历史,兰登带着索菲前往维莱特庄园,向他专门研究圣杯的朋友雷·提宾求助。提宾是兰登教授昔日的同事,同时也是一个对圣杯历史有着狂热爱好的历史学家。在提宾的介绍下,索菲了解到,所谓的"圣杯",并非真的杯子,而是一个关于耶稣的秘密。他甚至说出了一个惊人的秘密:耶稣是人而非传说中的神,他与抹大拉的玛利亚结婚并有自己的血脉,玛利亚死后被葬在一个秘密的地方,她的后代也隐名埋姓不为世人所知,锡安会要保守的就是这个秘密。长期以来,锡安会一直有一位盟主和三大护法共4人保护着这个秘密,即玛利亚遗骸所在。而索菲的祖父雅克·索尼埃正是锡安会的盟主。

兰登在装着藏密筒的盒子上玫瑰花的标志下发现了新的内容,其中有一句"在伦敦葬了一位教皇为他主持葬礼的骑士",提宾指出,这句话指的就是伦敦的圣殿教堂,这里埋葬了10位圣殿骑士,在过去,圣殿骑士是玛利亚的忠实护卫者。

在提宾的帮助下,兰登与索菲赶到了圣殿骑士教堂,等待他们的,不是圣杯的下落,而是提宾露出了真面目,原来他就是指使杀手西拉

● 名画《蒙娜丽莎的微笑》

↑ 圣殿骑士教堂

杀死索尼埃的"导师"。他使计抢走了藏密筒,兰登与索菲也趁乱逃脱,并在威斯敏斯特教堂与提宾再次碰面。

提宾靠一己之力无法破译藏密筒的密码,他便威胁兰登和索菲二人,要求他们打开藏密筒。兰登受到启发,最终发现掉在牛顿(他也是锡安会早期成员之一)头上的"apple"正是打开藏密筒的密码,他偷偷取出了里面的纸条,将藏密筒摔碎。

兰登和索菲根据纸条上的指示,找到了索尼埃密码提示的圣杯藏身之处——罗斯林教堂。罗斯林教堂又名"密码教堂",位于苏格兰爱丁堡市以南10公里处,为圣殿骑士所建。在这里,兰登揭开了索菲的身世,她正是耶稣和玛利亚的后裔,她的身上流淌着耶稣的血液。

到这里,故事似乎已经走到了结尾,不过,罗斯林教堂只是圣杯曾经的栖身地,索菲在这里与她的祖母相认,兰登独自回到酒店。在刮脸时,兰登不慎将脸刮破,血顺着池子流淌时留下一道血痕,这让他脑子里灵光一闪,回想起索尼埃曾在他所著的《神圣女性的符号》这本书中提到"玫瑰线"的书页中留下血迹,终于明白了玛利亚遗骸的藏身之处。他在夜色中来到卢浮宫,在玛利亚静静躺着的地方蹲了下来,

⬆ 罗斯林教堂曾经是玛利亚遗骸的藏身之处

静穆良久。此时,玛利亚躺在大师们的杰作围成的怀抱里,天空中繁星闪闪,正暗合了那句"在繁星闪烁的天空下终于得到了安息",谜语最终被完美破解。

整个故事就是索尼埃设下的谜,随着谜底不断被揭开,故事层层推进,最终真相大白。作者丹·布朗运用历史、地理、宗教等知识组成许多密码,要揭开谜底,就必须具备相应的知识。丹·布朗有如此功力,这要得益于他深厚的家学,据介绍,他的父亲是数学教授,母亲是宗教音乐家，每一年的圣诞节，丹·布朗都要经历一番"寻宝"，从父母给出的蛛丝马迹中，找到他的圣诞礼物。幼年的经历给他的创作带来灵感，《达芬奇密码》正是一个"寻宝"的过程，当所有的线索都集中起来后，宝藏也就出现了。

↑《达·芬奇密码》作者丹·布朗

玫瑰子午线

世界上第一个明确提出经纬度理论的人，是古希腊学者托勒密。最早的本初子午线出现在15世纪出版的托勒密世界地图上，当时把子午线定在了当时人们心中的世界起点——大西洋中非洲西北海岸附近的加那利群岛。由于所有的经线长度是一样的，所以过去每个国家出版的地图所用经度都把自己国家所处的经线作为起始经线进行推算的。直到1884年，国际子午线会议在华盛顿召开，会议决定把经过格林尼治的经线正式确定为零度经线——本初子午线。

玫瑰线的说法则源自欧洲海图。中世纪时期的航海地图上还没有经纬线，只有一些从中心有序地向外辐射的互相交叉的直线方向线，称为罗盘线，葡萄牙水手习惯称呼他们的罗盘面为风的玫瑰，他们根据太阳的位置估计风向，再与"风玫瑰"对比找出航向。玫瑰线，即指引方向的线。

10种至今难以破译的密码

观点：在密码学日益系统化、科学化的今天，世界上依旧有一些难以破译的密码，它们沉默地固守着自己的秘密。

随着编制密码和破译密码活动的不断进行，为了研究密码变化的客观规律，以便更好地编制密码和破译密码，密码学这门学科便诞生了。经过归纳整理，从古至今的密码大体可以分为人们所熟知的几类，如栅栏密码、凯撒密码、摩斯码等等，这些系统化的方法可以使密码的编制、破译简单易行，但世界上还有一些密码，它们的编制方法并不如密码学中所归纳的那几个套路，因此，它们的破译也就成了一道摆在密码界前面的难题。其中，有10个最难破译的密码，至今还吸引着无数密码爱好者前去解谜。

1. 克里普托斯雕塑（Kryptos）

克里普托斯雕像位于美国中央情报局（CIA）总部庭园内，是艺术家詹姆斯·桑伯恩创作的。1988年，当时的美国中情局要在当时的总部后面建一幢

◆ 美国CIA的标志性建筑克里普托斯雕塑

新的大楼，于是想在两栋楼之间建一个标志性的建筑物。在众多的方案中，中情局采纳了桑伯恩的方案，在雕塑上用希腊文字刻下所要表达的内容。

这座雕塑被命名为"Kryptos"，在希腊语中，kryptos意为"隐藏的"。Kryptos雕塑高10英尺，上面刻着865个字母密码，每个字母高3英寸。

创作者桑伯恩并未受过严格的密码训练，但他出的这道难题却难倒了CIA的密码破译员。尽管他们已经破解了Kryptos密码上相对比较简单的前3节，却对第4节（K4）一筹莫展。

畅销书《达·芬奇密码》掀起了一股解谜Kryptos第4节的热潮，因为作者丹·布朗在书中暗示"Kryptos"十分重要。许多人试图破译K4，但显然它的难度远高于前3节，至今无人能破。不过桑伯恩半开玩笑地暗示说，揭开谜底的钥匙就在大家眼皮底下，却一直被人们所忽视了。

2. 费斯托斯圆盘（Phaistos）

费斯托斯圆盘是在希腊克里特岛的第二大古王宫遗址——费斯托斯王宫发现的，粗算起来，距今有近3600年左右的历史。1908年，考古学家普尼在这里进行考古挖掘时，发现了这个"黄泥饼"。它直径约为17厘米，与普通的菜碟无异，引起普

◆ 神秘的费斯托斯圆盘

尼注意的，是印在上面的"天书"。这些神秘的形符看上去像是有人趁着泥饼还未干透的时候，用金属印章印上去的。这些形符十分奇特，有的像人像，如男人、妇女、儿童。他们呈奔跑、站立的姿态，有的双手背在身后，好似战俘；有的形符像动植物，如羊、鱼、鸟、橄榄枝、花等；还有一些像日常生活中的器具，如刀、斧子、锤子、角规、水准仪、拳击手套、狼牙棒……这些大大小小、形态各异的形符共有241个，以竖线分隔开来，圆盘的两面分别形成30和31个形符节，以螺旋形排列。

这些圆盘作何用途？其中的形符又有什么含义？至今无人能解。有人认为它代表了一种朦胧的印制意识，是活字印刷的雏形；圆盘上的形符的排列有一定的规律性，有些形符多次出现，带着某种韵律和

↑ 牧羊人纪念碑

朱洛巴石盘

朱洛巴石盘是中国考古学家纪蒲泰等人1938年在青海南部的巴颜喀拉山地区考察时发现的。他们在一个小山洞里挖出了716块花岗石圆形体，每块的厚度大约为2厘米。石盘表面从中间向四周辐射出许多十分规则的水波纹线条，与现代的镭射唱片极为相似。更惊奇的是，这些石盘上面刻有许多无法解读的符号。

这些符号一直到1962年才被中国学者徐鸿儒破译。徐鸿儒教授根据当地的一些神秘传说，经过长期的研究终于破译了石盘上的符号：特罗巴人来自云端，他们乘坐的是古老的飞船，后来飞船在着陆时损坏了，这些特罗巴人只好藏身山洞。实际上，在巴颜喀拉山地区的确一直流传有关特罗巴人的传说，传说中他们与世界上其他地区的人种都不一样，他们身高1.2米，瘦小柔弱，骨骼纤细，眼眶奇大，脑颅容量比一般人大100毫升。朱洛巴石盘也许这是这个特殊的特罗巴人留下的。

节拍,像是一首歌,而从它发现的地方来看,圆盘可能与祭祀有关,也许是献给神的颂歌;也有人从形符中判断,圆盘记载的是与战争有关的文献。

无论是象形文字说还是外来文明说,都无法破译费斯托斯圆盘上密码,它至今仍浑身上下都是谜。

3.shugborough 大厅牧羊人纪念碑

在英国斯塔福德郡的 shugborough 大厅,有一个著名的牧羊人纪念碑。纪念碑是 18 世纪时期的海军将领乔治·安森下令所建,上面刻有两行至今无法破译的密文。

纪念碑上的雕塑显示的是一位妇女遇见了三个牧羊人,这三个牧羊人都指着一座坟墓。坟墓上以拉丁文刻着一行字"Et in arcadia ego",翻译过来意为"我也在阿卡迪亚",这个雕塑是根据法国艺术家尼古拉·普桑的作品创作而成的,所不同的是,牧羊人所指向的字母与原画有所不同,在尼古拉·普桑的作品中,牧羊人指向的是 ARCADIA(阿卡迪亚) 中的 "R",而雕塑中牧羊人的手指断了,并指向 "in" 中的 "n"。最为神秘之处在于,雕塑上多出了两行神秘的拉丁文字:

O·U·O·S·V·A·V·V

D·   M·

人们猜测这是安森传递爱意的一组密码,用以纪念死去的安森小姐。字母 D.M. 在罗马的纪念文中常指代 "Diis Manibus" 的缩写,意为献身黑暗。又有人指出,其余的字母代表的是拉丁文 "Optimae Uxoris Optimae Sororis Viduus Amantissimus Vovit Virtutibus",它的含义是 "最好的妻子,最好的姐妹,最忠诚的鳏夫以此向你的忠贞表达敬意"。

那些相信圣杯传说的人们,则认为牧羊人纪念碑指出了圣杯所在。根据《圣血和圣杯》一书所说,普桑是锡安会的成员,他的画中暗藏了圣杯的藏身之处。

这些说法都是基于猜测,并没有确凿的证据,它可以有多种解

↑ 纪念碑上两行令人费解的文字

读,但无法仅根据密码术就判断哪一种是正确的。至今,牧羊人纪念碑还吸引着众多密码爱好者去探寻谜底。

4. 毕尔密码(Beale code)

19世纪初,美国一个名叫毕尔的年轻人带领着一支30人组成的探险队前往西部平原探险,在圣达菲北部的一个峡谷中,他们发现了丰富的金矿和银矿。历时整整18个月的开采之后,他们采到了大量的财富,在1819年到1821年间,他们历经千辛万苦将这笔财物悄悄地运回弗吉尼亚,并将它们藏在一个隐蔽的地洞之中。不久,毕尔他们一行人打算再次前往西部平原,他们需要将带回来的财富交给一个可靠的人保管。毕尔考虑再三,决定将宝藏的秘密交给一家旅店的老板来保管。

毕尔将宝藏的地点、内容和宝藏所有人的亲属的信息分别写在三张纸上,装入一个密封的盒子里交给了旅店老板,并告诉他,如果自己10年之内都没有来取盒子的话,就请老板自行打开盒子,到时会有人把钥匙寄给他。

71, 194, 38, 1701, 89, 76, 11, 83, 1629, 48, 94, 63, 132, 16, 111, 95, 84, 341, 975,
14, 40, 64, 27, 81, 139, 213, 63, 90, 1120, 8, 15, 3, 126, 2018, 40, 74, 758, 485,
604, 230, 436, 664, 582, 150, 251, 284, 308, 231, 124, 211, 486, 225, 401, 370,
11, 101, 305, 139, 189, 17, 33, 88, 208, 193, 145, 1, 94, 73, 416, 918, 263, 28, 500,
538, 356, 117, 136, 219, 27, 176, 130, 10, 460, 25, 485, 18, 436, 65, 84, 200, 283,
118, 320, 138, 36, 416, 280, 15, 71, 224, 961, 44, 16, 401, 39, 88, 61, 304, 12, 21,
24, 283, 134, 92, 63, 246, 486, 682, 7, 219, 184, 360, 780, 18, 64, 463, 474, 131,
160, 79, 73, 440, 95, 18, 64, 581, 34, 69, 128, 367, 460, 17, 81, 12, 103, 820, 62,
116, 97, 103, 862, 70, 60, 1317, 471, 540, 208, 121, 890, 346, 36, 150, 59, 568,
614, 13, 120, 63, 219, 812, 2160, 1780, 99, 35, 18, 21, 136, 872, 15, 28, 170, 88, 4,
30, 44, 112, 18, 147, 436, 195, 320, 37, 122, 113, 6, 140, 8, 120, 305, 42, 58, 461,
44, 106, 301, 13, 408, 680, 93, 86, 116, 530, 82, 568, 9, 102, 38, 416, 89, 71, 216,
728, 965, 818, 2, 38, 121, 195, 14, 326, 148, 234, 18, 55, 131, 234, 361, 824, 5,
81, 623, 48, 961, 19, 26, 33, 10, 1101, 365, 92, 88, 181, 275, 346, 201, 206, 86,
36, 219, 324, 829, 840, 64, 326, 19, 48, 122, 85, 216, 284, 919, 861, 326, 985,
233, 64, 68, 232, 431, 960, 50, 29, 81, 216, 321, 603, 14, 612, 81, 360, 36, 51, 62,
194, 78, 60, 200, 314, 676, 112, 4, 28, 18, 61, 136, 247, 819, 921, 1060, 464, 895,
10, 6, 66, 119, 38, 41, 49, 602, 423, 962, 302, 294, 875, 78, 14, 23, 111, 109, 62,
31, 501, 823, 216, 280, 34, 24, 150, 1000, 162, 286, 19, 21, 17, 340, 19, 242, 31,
86, 234, 140, 607, 115, 33, 191, 67, 104, 86, 52, 88, 16, 80, 121, 67, 95, 122, 216,
548, 96, 11, 201, 77, 364, 218, 65, 667, 890, 236, 154, 211, 10, 98, 34, 119, 56,
216, 119, 71, 218, 1164, 1496, 1817, 51, 39, 210, 36, 3, 19, 540, 232, 22, 141, 617,
84, 290, 80, 46, 207, 411, 150, 29, 38, 46, 172, 85, 194, 39, 261, 543, 897, 624, 18,
212, 416, 127, 931, 19, 4, 63, 96, 12, 101, 418, 16, 140, 230, 460, 538, 19, 27, 88,
612, 1431, 90, 716, 275, 74, 83, 11, 426, 89, 72, 84, 1300, 1706, 814, 221, 132,
40, 102, 34, 868, 975, 1101, 84, 16, 79, 23, 16, 81, 122, 324, 403, 912, 227, 936,
447, 55, 86, 34, 43, 212, 107, 96, 314, 264, 1065, 323, 428, 601, 203, 124, 95, 216,
814, 2906, 654, 820, 2, 301, 112, 176, 213, 71, 87, 96, 202, 35, 10, 2, 41, 17, 84,
221, 736, 820, 214, 11, 60, 760。

但是十多年过去了,一直没有人来取回盒子,旅店老板左等右等不见人来,便自己打开了盒子,发现了盒子里的秘密。但是关于宝藏的具体的信息,全都是以密密麻麻的数字写成,没有任何文字说明。旅店老板花了十多年的时间去破译其中的密码,直至他临终前,都无法破解

○ 毕尔留下的信上全是密密麻麻的数字

其中的秘密。密码后来流传出去,有人确定那些数字是一种键盘编码的密码,经过悉心研究,破译了第二张纸上的内容,知道了宝藏的数量。但另外两张纸上的内容却始终无人能破译,1885 年,这两张纸上的内容被编辑成小册子出版,出版人希望有朝一日,有人能破解它,找到宝藏。这个小册子还一度被列入美国中情局的破译密码训练内容,但至今无人能破解其中的秘密。

5.Dorabella 密码

1897 年 7 月 14 日,音乐家爱德华·埃尔加给他的朋友杜拉·彭妮小姐发了一封加了密的信,至今无人知道信中的内容是什么,连彭妮小姐对此也是一无所知。

这封信,或者说是密码,由 87 个字符成,排列成 3 行,看上

DORABELLA SOLUTION

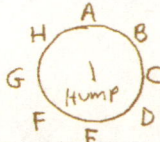 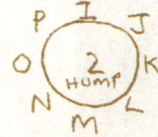 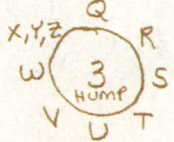

(POWELL)
OH, HAS P. DUB BELLE YOU? GEE I'D DUB BELLE YOU, BEING THE ELDER. HELL CUTE TOO. POWELL L'S IS SCHLAFEN, FATASS, ZITY,
O S P W G I D W B N Z L D A L Q (L L) I S S L A F N F A Z T
1 2 3 4 5 6 7 8 9 10 11 12 13 14 15 16 17 18 19 20 21 22 23 24 25 26 27 28 29

(2L)
EELY EYE. IF HE BEAT YA DOUBLE YOU PEE TOO! GEE I A DELE? HELL, I AM THE DA OF BABY, IF WHITE
E L E I F V B J W P (L L) P I A D E L Y L I M T D A F B B F Y T
30 31 32 33 34 35 36 37 38 39 40 41 42 43 44 45 46 47 48 49 50 51 52 53 54 55 56 57 58 59 60

(DICK POWELL)
PITY I EMPTY. PA AM YOU, A D. P. HELL, I AM THE TOSS BEAT HE! I LOVE DOUBLE YOU!
P T I M T· P A M U A T P L I M D T A W S B T I W A F W
61 62 63 64 65 66 67 68 69 70 71 72 73 74 75 76 77 78 79 80 81 82 83 84 85 86 87

去像是由 24 个象征性的字母转化而来，其中每一个字符都包含 1、2 或者 3 个半圆。在第三行的第 5 个字符后面有一个小点，不过小点的含义和意义并不明确。许多人猜测这是音乐家的新作的乐谱，不过至今也没有人有幸能听到他的这首新作。

6. Chaocipher

1918 年，Byrne 发明了 Chao 这种密码方法，并于 1953 年将其写到他的自传《沉默年》中。Byrne 认为 chaocipher 很简单，但却不可能被破译。Byrne 还宣传，他用来加密的机器可以装进一个雪茄盒子里，并承诺如果有人能破解他的密码，就能得到他的奖励。

○ Dorabella 密码被认为是埃尔加的新作

○ 音乐家爱德华·埃尔加

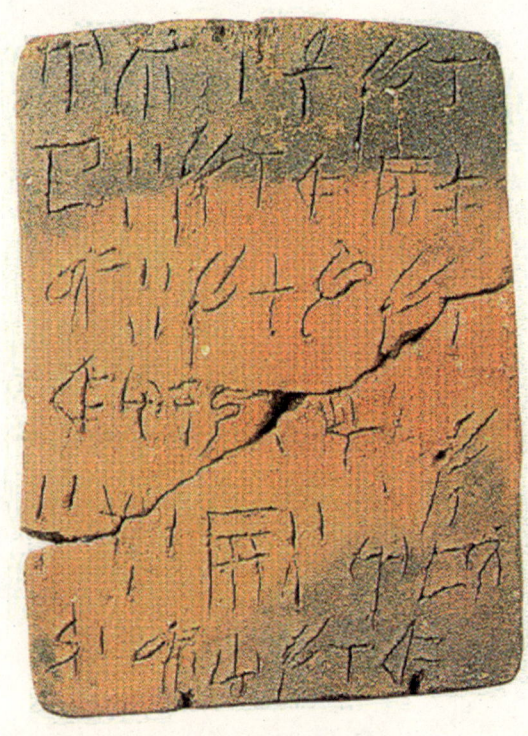

🔸 linear A 似乎是远古时期的字母表

🔸 linear B 音节表

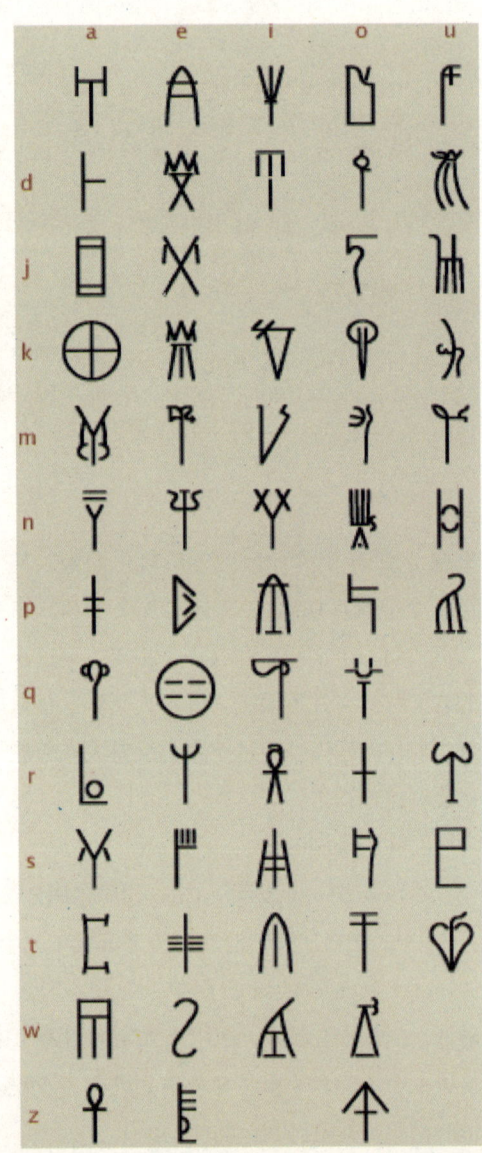

　　Chaocipher 由两个字母表组成，右边的字母表用来确定普通文本的位置，而左边的字母表用来读相应的次密文。它的演算法涉及到动态替换的概念，如果其中一个字母表发生了变化，另一个相应的也会发生变化，这也正是它难以破译的原因所在。

　　7. D'agapeyeff 密码

　　这个密码于 1939 年由 D'agapeyeff 编制，

它曾被收录在《代码与密码》一书中，但是在该书随后的版本中，都没有收录 D'agapeyeff 密码，据说连创作者 D'agapeyeff 本人都忘了该如何破译它，所以至今也没有人能破解它，但也有人说，之所以无法破译，是因为 D'agapeyeff 本人在加密最初的文本时出现了错误。

8.Linear A 密码

这是在古克里特岛发现的由两种不同的线性文字组成的字符，在克里特文明时期，Linear A 是宫廷中使用的官方文字。它由亚瑟·伊文思发现，在 1952 年的时候，米歇尔·文屈斯发现，Linear B 是早期迈锡尼文明时期的文字，但是，尽管 Linear A 与 Linear B 之间存在着一些关联，但 Linear A 依旧无法破译，它看起来似乎是公元前 1900- 公元前 1800 时期的字母表。

9. 黄金密码

1933 年，在中国上海发现了 7 块黄金，与一般黄金不同的是，这 7 块黄金上刻有一些图片和汉字，但是其中的含义至今无人能解，而这几块黄金因其所包含的密码而身价大增，据说已经超过了黄金本身的价值。

第十个留给世人的难题就是前面所说的"伏尼契手稿"之谜。这 10 种神秘密码已经超出了现代密码学的范畴，即便是在计算机技术如此发达的今天，也难以将其破译。它们成了密码界挑战，引来众多的挑战者。

linear B

Linear B 是迈锡尼文明时期的一种文字，它大约在公元前 15 世纪出现，并随着迈锡尼文明的衰落而逐渐消失了。Linear B 中绝大多数的字符在克诺索斯、赛多尼亚、迈锡尼文字中都能找到。

根据已破解的信息来看，linear B 只应用于一些行政文书中，它可能只用于皇室之中，所以随着皇宫的毁灭，这种文字也开始消失了。在数千个字符中，已经有一小部分的含义已经破解了。

纳斯卡线条，宇宙的密码？

观点：纳斯卡线条究竟是远古的图腾还是宇宙密码，至今仍无人能说得清楚。那些线条的形成和含义就像一个个密码一样，隐藏着一个巨大的秘密，破解了线条的密码，也许就发现了一个宇宙的秘密。

从空中俯瞰纳斯卡，可以看到许多奇怪的图案

在秘鲁南部一片荒凉的平原——纳斯卡平原上，有一处令人震惊的奇迹，在方圆50平方公里内的地表上，有许多深大约为0.9米，宽度在15厘米到20米之间的"沟槽"。这些线条是由两个美国人、考索克夫妇发现的。他们在纳斯卡平原考古时，发现了这些像机场跑道一样的线条，直线条、弧线……这些线条绵延几公里。他们的发现震惊了考古界，考古人士纷纷来到这里，他们推测这些线条至少有上千年的历史，但对于这些线条的含义，却一直不得其解。直到后来，考古学家从高空俯瞰时，才发现这些或直或弯的线条，原来是许多巨大

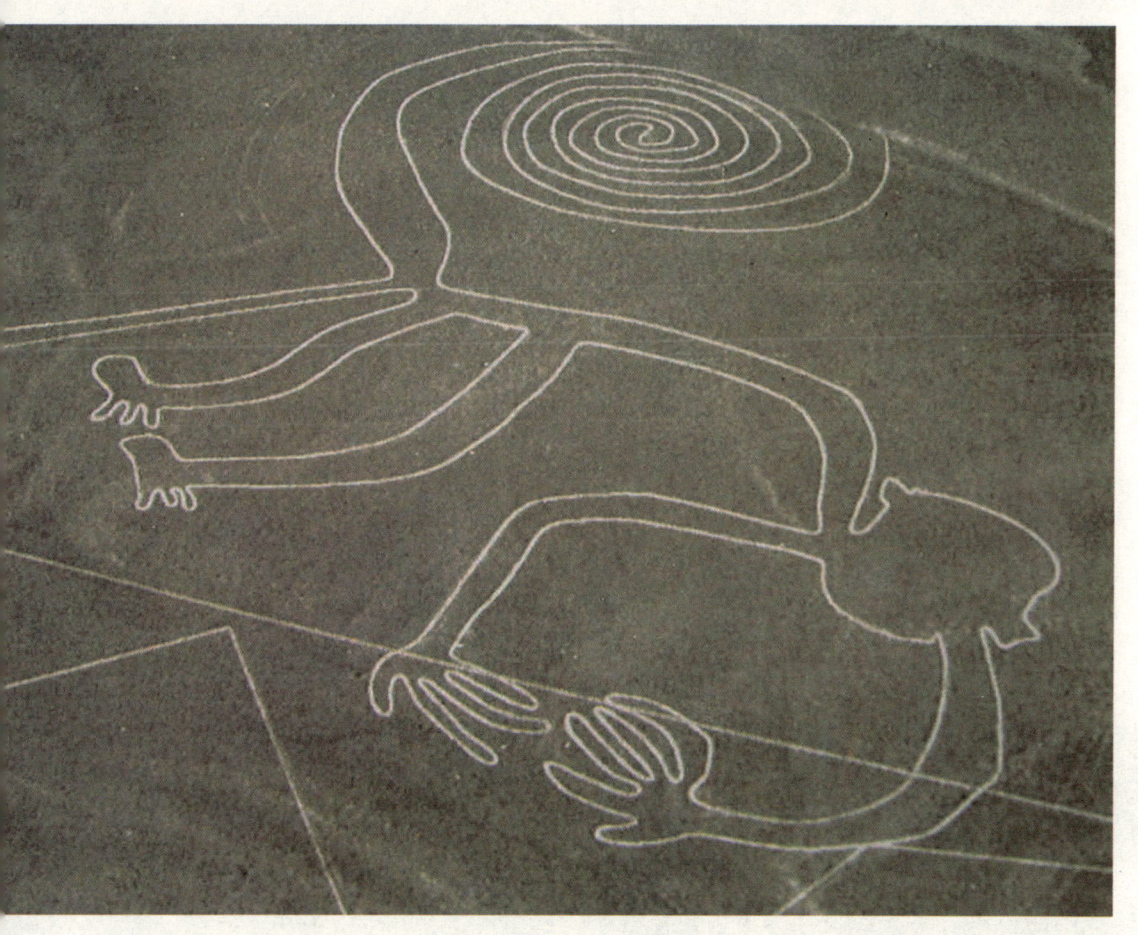

↑ 一只巨大的猴子图案

的图案中的一部分,因为图案覆盖的面积太大了,以至于人们在地面上无法看清其全貌。

这些图案的内容十分丰富,包括了各种几何图案,如三角形、梯形、平行四边形、螺旋形等,还有一些动物和植物的图案,如一只巨大的、栩栩如生的蜘蛛,猴子;有人形图案,其中有一个人形图案,只有一个头和两只手,且一只手只有4根手指……这些图案从北边的英吉尼奥河开始,往南延伸至纳斯卡河,面积达200平方公里。纽约长岛大学的保罗·科孛克博士在驾驶着飞机在空中俯瞰到这些巨大的图案之后，不由地惊叹说："我发现了世界最大的天文书籍。"

的确，这些神秘、巨大的图案就像一本"天书"一样，至今没有人能读得懂。它是一个令人着迷的谜，吸引了许多学者来解谜。德国女数学家玛利亚·赖歇来到纳斯卡之后，就再也舍不得离开，她将自己的一生都献给了这些线条。

纳斯卡线条太大了！站在地面上，人们根本无法领略到它的魅力，那么2000年前的人又是如何创造出来的呢？无法想象在看不到全貌，又没有掌握现代飞行技术的情况下，古代的纳斯卡人是如何设计和制造出那些图案来的。

在纳斯卡不远的地方，矗立着一些玛雅人遗留下

◐ 巨鸟图案有可能是纳斯卡家族的徽标

来的金字塔。人们猜测,与玛雅人比邻的纳斯卡人也许也掌握了建造金字塔式高台的技术,他们曾经建造过一座宏伟的高台来监督整个纳斯卡线条的制作过程。

但这种猜测很快被否定了,显然纳斯卡平原并不具备建造高台的条件,这里常年干旱少雨,没有茂密的树林,也就没有建造高台的木头。

考古学界在考察玛雅人的遗迹时有一个奇怪的发现,玛雅人似乎从来都不用轮子,他们建造的金字塔靠什么搬运材料呢?有人猜测,那是因为玛雅人已经发明了一种低空的飞行器,那么纳斯卡人也许也是乘坐着一种飞行器来监督线条的制作的。从已经发掘的纳斯卡陶器和织物上,人们发现有一些飞行的图案,比如气球风筝和鸟一样的飞人。但并没有任何的飞行器被发现。

最主要的是,人们始终猜不出纳斯卡人制作出这些巨大的图案究竟有什么意义?这些巨大的、线条勾勒出的图案背后究竟隐藏着什么样的含义呢?

有人认为,纳斯卡线条是一种天文历法的直观表示,因为这些直线中,有几条十分精准的指向黄道上的夏至点与冬至点。那些直线和螺旋形的线条代表了星球的运动轨迹,而那些动物图案,则指代的是星座。

有的科学家认为,这些图案可能是一幅很有实用价值的古地图,甚至有可能是一幅藏宝图,宝藏的秘密就藏在这幅巨大的图案之中,只是至今还无人能破译其中的密码。

显然,这些猜测都充满了神秘色彩,但也有"务实"的科学家认为,这只不过是纳斯卡人的一张供水系统图。美国麻省理工大学研究院戴维·约翰逊就持这种观点。他长期研究纳斯卡地区古代的灌溉系统,有一次他正准备探察一个岩石断层时,无意中发现那些线条正指着他所要去的那个断层。他突然意识到了什么,激动地仰起头对着天空说:"我的上帝,我想我知道它是什么意思了!"

戴维认为这些巨大的图形标记了地下水源的位置,这些神秘的线条正是古代纳斯卡人绘制的供水系统图。而那些蜘蛛、猴子、巨鸟的图案，也许是古纳斯卡人各个家族的徽标，家族之间为了分配水源，将自己家族的徽标在各自的水源地上标出来，避免了纷争。

纳斯卡线条至今还是一团谜，无论是线条的形成本身，还是那些线条勾勒出来的图案所蕴含着的意义，都是一个超越了现代密码学范畴的密码，没有一位解码者能够成功将其破译。

密码科技之谜

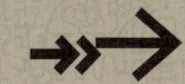

- 栅栏密码是一种什么样的密码
- 摩尔斯电码的原理何在
- 间谍一般使用哪些暗号和密码手段
- 维热纳尔密码并非"不可破译"的密码
- 神秘的ADFGX密码
- 托马斯·杰斐逊的轮子密码机

栅栏密码是一种什么样的密码

观点：栅栏密码是一种较为低级、简单的密码，它主要通过改变明文中字符的位置、顺序来实现，是一种简单、容易编制也容易破解的密码。

也称为栅栏易位（Columnar Transposition）密码，是将要传递的信息中的字母交替成分上下两行，然后再把下面一行的字母排在上面一行的后边，从而形成一段密码。

例如，我们要传递的信息是：There is a chipher.

按照栅栏密码的方法，将明文分成以下两组：

Teescihr

Hriahpe

再将下面一行排在上面一排的后面，即形成了一段密码：

Teescihrhriahpe。

解密时就将刚才的步骤倒过来，先将密码分成两部分：

Teescihr

Hriahpe

再按照竖着排列的顺序，就还原成：Thereisachipher，插入空格，即为明文：There is a chipher.

当然，这是栅栏密码最简单的形式。其实，加密时不一定只用两行，它也可以分成多行。

举一个例子来说明，例如密文为：

PFEE SESN RETM MFHA IRWE OOIG MEEN NRMA ENET SHAS DCNS IIAA BRNK FBLE LODI

密文共有64个字符，将其以8个字符为一栏，排列成8*8的凯撒方阵如下：

P F E E S E S N
R E T M M F H A
I R W E O O I G
M E E N N R M A
E N E T S H A S
D C N S I I A A
I E E R B R N K
F B L E L O D I

在按照竖列的顺序读出来就是：

PRIMEDIFFERENCEBETWEENELEMENTSRESMONSIBLEFORHIROSHIMAANDNAGASAKI

插入空格后就变成：PRIME DIFFERENCE BETWEEN ELEMENTS RESMONSIBLE FORHIROSHIMA AND NAGASAKI(广岛与长崎的原子弹轰炸的最大区别)。

在运用到中文时，由于中文本身的特性，栅栏密码容易被破解，因此产生了一些变体，其中较为人熟悉的就是道家心法秘籍《天仙金丹心法》中采用的加密方法，这种经过变异之后的栅栏密码运用到中文中就不太容易被识别。密文为：

〇茫天：摹然月终为鼎半是真灭器轮假不但伸净著定分泥万〇无〇光人经法一从尘色返我权自法中妙大空照生屈来好路形神海〇便还未归

经过还原就变成：

〇茫

天：摹

然月终为

鼎半是真灭

器轮假不但伸

净著定分泥万〇

无〇光人经法一从

尘色返我权自法中妙

大空照生屈来好路形神

海○便还未归

从上往下读出明文即为：天然鼎器净无尘，大海茫茫月半轮。著色空摹终是假，定光返照便为真。不分人我生还灭，但泥经权屈未伸。万法自来归一法，好从中路妙形神。

摩尔斯电码的原理何在

观点：摩尔斯电码因其简洁、容易掌握而成为使用时间最长的电子密码系统，它的发明为现代通讯事业带来了翻天覆地的转变。

摩尔斯电码是美国人发明的一种古老方法，它的历史早于电话。摩尔斯电码具有精简、低成本以及高效的优点，因此在通讯科技日益发达的今天，摩尔斯电码仍有着十分重要的地位。

摩斯电码由美国人塞缪尔·摩尔斯在1839年发明的，摩尔斯也因此成为现代"电报之父"。摩尔斯原本是一位画家，1832年在从法国乘船返回美国的途中，同船的一位乘客向大家讲述了电磁铁的原理：将导线缠绕在铁块上，导线通电之后，铁块就会产生磁力，而且线圈绕得越多，或者通过的电流越大，产生的磁力也越大。摩尔斯好奇地问："电流通过导线的速度有多快？"这名乘客告诉他，几乎在一瞬间，电流就可以通过。

● 现代"电报之父"塞缪尔·摩尔斯

摩尔斯受到启发，联想起自己亲眼所见的法国信号机系统，他想如果电流可以瞬间通过无论多长的导线的话，那么也许可以用它来进行远距离信息传递。这个想法令时年已经41岁的摩尔斯十分激动，他开始钻研电磁学，终于悟出了一个道理："电流只要停止片刻，就会出现火花；没有火花出现是另一种符号；没有火花的时间长度又是一种符号。这三种符号如果组合起来代表数字和字母，就可以通过导

摩尔斯电码表

字符	电码符号	字符	电码符号	字符	电码符号
A	·—	N	—·	1	·————
B	—···	O	———	2	··———
C	—·—·	P	·——·	3	···——
D	—··	Q	——·—	4	····—
E	·	R	·—·	5	·····
F	··—·	S	···	6	—····
G	——·	T	—	7	——···
H	····	U	··—	8	———··
I	··	V	···—	9	————·
J	·———	W	·——	0	—————
K	—·—	X	—··—	?	
L	·—··	Y	—·——	/	
M	——	Z	——··	( )	
				—	
				·	

↑ 摩尔斯电码表

线来传递文字了。"这正是摩尔斯电码的原理,摩尔斯领悟到这个道理之后,用"点"(即0.1秒的通电时间)、"划"(0.3秒的通电时间)和"间隔"(断开电路)来表示各种符号。

尽管摩尔斯发明了摩尔斯电码,但他缺少相关的专门技术,为此,他与艾尔菲德·维尔签订了一项协议,由维尔帮助自己制造更加实用的设备。

最早的摩尔斯电码是一些表示数字的点和划,其中数字对应着单词,因此,要想知道每个词对应的数字,需要一本代码表。在艾尔菲德·维尔的帮助下,摩尔斯通过点、划以及中间的停顿,将每个字元和标点符号彼此独立地发送出去。1837年,威廉·库克和查尔斯·惠斯通开始利用摩尔斯码在英国发电报。相反,摩尔斯和维尔直到1844年才发出他们的第一份电报,当电流通过时,在一条纸带上会留下凹痕,这是最初显示摩尔斯码的方法,为此,他们还用了一个机械发条装置来带动纸条。后来,摩尔斯码经过进一步的改进,可以将在纸条上打印出来的凹痕转化成文本信息。

在摩尔斯最初的设计中,摩尔斯码只能用来传递数字,然后通过查阅字典,来找出它所代表的字。后来,在维尔的改进下,摩尔斯码既可以传递数字,也可以传递字母和一些特殊的符号,这样一来,摩尔斯码的适用范围就迅速扩大了。

字元的表达有两种"符号":划(-)和点(·)。其中,点的长度决定了发报的速度,划一般是三个点的长度,点划之间的间隔是一个点的长度;字元之间的间隔是三个点的长度,单词之间的间隔为7个点的长度。

一般来说,任何一种能把书面字元用可变长度的信号表示的编

◐ 一名海员利用灯光发送摩尔斯码

码方式都可称之为摩尔斯电码，不过现在它只用来指代两种表示英语字母和符号的摩尔斯电码：美式摩尔斯电码和国际摩尔斯电码。

摩尔斯码因其简洁易懂，使用时间超过了160年，远远超过其他任何电子密码系统。直到1999年，摩尔斯电码完成其在海事通讯中的使命。1997年，法国海军停止使用摩尔斯电码时发出的最后一条消息是：所有人注意，这是我们在永远沉寂之前最后的一声呐喊！

如今，国际摩尔斯电码已经在使用中，不过现在的使用者几乎全部是一些业务的无线电爱好者，而且，如今的摩尔斯电码早已不是当初摩尔斯和维尔发明的那个摩尔斯码了，现代国际摩尔斯码是由弗－克莱门斯－杰尔塔于1848年发明的，主要用于在德国的汉堡和库克斯之间发送电报。杰尔塔将字母表中的一半都进行了改动，1865年，在法国巴黎的国际电报会议上，将其标准化，并制定国际摩尔斯电码准则。而摩尔斯原始的电码仅限于在美国使用，即为现在所说的美国摩尔斯电码，美国摩尔斯电码现在已经极少有人使用了。

国际摩尔斯电码如今主要用于业余电台，直到2003年，国际电信联盟还负责给世界各地的摩尔斯电码业余爱好者发执照。按照美国的规定，只有一些特定的业余频段才能进行声音和数据的传送，而连续波是对所有业余频段开放的。在一些国家，业余无线电的一些波段仍只为发送摩尔斯电码信号而预留。

摩尔斯电码可以通过多种方式发送，如最初的通过电子脉冲发送，也可以通过声调、长短不一的无线电信号，甚至可以用一些可视的方法，例如轻便信号灯来发送。

尽管使用摩尔斯电码在许多国家都不需要执照，但在航空管制中还常常用到，例如一些飞行求助信号，像VORs和NDBs都还是采用摩尔斯码。大家十分熟悉的求助信号"SOS"，就是当年著名的泰坦尼克号遇险时用摩尔斯电码发出的求助信号，无奈当时没有人理会，直到泰坦尼克号沉没之后，SOS才被广泛接受和应用。

间谍一般使用哪些暗号和密码手段

观点： 在风云变幻的谍战中，间谍所使用的暗号和密码都超乎人们的想象，一个手势、一个笔画甚至是一个细微的符号下面，都隐藏着一个惊人的、甚至会改变历史的秘密。

2010年，美国抓获了一批俄罗斯间谍，引起极大的轰动。人们发现，那些似乎只有在战争年代才会现身的谍报人员，在和平时期竟然就有可能在自己周围活动，他们有可能是自己的同事、朋友，甚至是亲密的爱人，那么这些人在从事间谍工作时，都采用哪些密

● 美国抓获的俄美女间谍安娜·查普曼

↑ 历史上著名女间谍川岛芳子

码手段或者暗号来传递信息呢?

在一些谍战影视作品中,我们可以看到一些常用的间谍技术。

一种是常用的摩尔斯码。摩尔斯码大家并不陌生,但由于间谍技术的隐蔽性,一些以摩尔斯码传递出去的信息显然无法通过传统的电台的方式,而需要经过一些巧妙地转换。比如电影《风声》中周迅饰演的女间谍顾晓梦在旗袍上缝出的摩尔斯码,吴志国在医院里哼出的小调里,都隐藏着摩尔斯码,这些都是摩尔斯码隐蔽的用法。

另一种是密写术。密写术也是常见的一种传递秘密信息的方式,即以牛奶或者米汤等写密信,等牛奶或米汤干了之后,字迹就会消失,读信的人只有通过光照或者在信纸上涂抹碘酒才能让文字显现出来。热播电视剧《潜伏》中,左蓝就交给敌方的马奎一封以隐形药水写就的落款为"峨眉峰"的信,马奎不知就里,结果因信惹祸,被捕入狱。不过一般来说,这种方法过于普遍,容易被识别。据说,美国一所监狱曾上演现实版的"越狱",一名囚犯通过密写术给他的接应伙伴写信密谋出逃的线路,结果被狱警识破。由此看来,密写术过于普通，并不是谍战中传递信息的最佳选择。

还有一种就是暗语。这是一种事先约好的用以与自己人接头或者区别敌我的隐语。在电影《风声》中，吴志国站在阳台上唱了一段山西小曲儿，这段曲子即是内部接头的暗语，听到这段曲子后，同为间谍的顾晓梦与他接上了头。据说，美国抓获的俄罗斯间谍中，也有一句接头暗号——我们在北京见过面？

除了这些极为大众化的传递方式之外，历史上各国间谍传递情报的方式可谓五花八门，远远超出人们的日常经验。

例如，在二战时期，有一位逃亡到英国的挪威人汉斯－拉尔森曾创办了一份《天体运动者》杂志，该杂志以色情著称，它宣称"男人的尊严"和"非同寻常的力量"，谁又会把这本开放的成人杂志与严肃的谍战联系起来呢？

不过，它可以逃脱普通人的怀疑，却难以逃过英国情报机关的火眼金睛。拉尔森和他的《天体运动者》杂志很快引起了英国军情5处的怀疑，他们逮捕了拉尔森，在审讯中得知，拉尔森是一名受过严格培训的德国间谍，他利用纸蜡，在杂志上标注一些不会引起普通人注意的标志，只有那些知道秘密标志位置的德国间谍才会找到并阅读这些情报。后来英国反间谍人员认真阅读了某一期的《天体运动者》杂志，在一篇文章中发现了隐藏的情报。

著名女间谍川岛芳子

川岛芳子本姓爱新觉罗，名显玗，是清末肃亲王的第14位女儿，末代皇帝溥仪的堂妹，日本名川岛芳子、川岛良子。辛亥革命后，她以日本大陆浪人川岛浪速继女的身份前往日本，在日本改名川岛芳子，并在日本接受教育。她利用养父的关系接近关东局，满洲事变和上海事变时作为日本间谍暗中活动，亲自导演了震惊中外的"一二八事变"及营救秋鸿皇后等臭名昭著的卖国活动，成为日本谍报机关的"一枝花"，颇受特务头子田中隆吉、土肥原贤二等人的赞赏。

据一些媒体公开的二战时期的资料显示,当时的间谍手段可谓五花八门,往往在一些看似平常的以引人注意的地方就隐藏着巨大的秘密。

有一份文件是当时最新款的时装模特设计图纸,时装的设计精巧,手工精致,大衣、帽子和衬衣的缝针都设计出很漂亮的图案,谁能料到,这些图案的背后隐藏着一条密码:敌军每小时都会有增援部队。

还有一种暗号结合了多种密码符号,一些纳粹分子将摩尔斯码、五线谱、国际象棋棋谱和一些速记书写的符号结合起来,产生了一种难以辨认的暗号。

中国有"藏头诗",间谍战有"藏头信"。1942年,英国军方截获一封"休伯特"写给"珍妮特阿姨"的信,这封内容看似普通的家信引起了英军的怀疑,但他们一直百思不得其解。直到后来抓获了两名德国间谍后,据这两名间谍介绍,把信的每个字的首字母组合在一起,就是情报的内容。英军照间谍所说的方法读出了一条重大军情:14架"波音堡垒"战斗机昨日飞抵伦敦,准备进攻德国。

美国空军还曾出现过一名"错别字间谍",这名受过密码学训练

历史上著名的间谍组织克格勃

克格勃即苏联国家安全委员会,是1954年3月13日至1991年11月6日期间苏联的情报机构,总部设在莫斯科。它的前身是捷尔斯基创立的"契卡"(cheka),是苏联的反间谍机构,以实力和高明而著称。克格勃是苏联对外情报工作、反间谍工作、国内安全工作和边境保卫等工作的主要负责部门,是一个凌驾于党政军各部门之上的"超级机构",它只对苏共中央政治局负责,它被英国情报机关称为"世界上空前最大的搜集秘密情报的间谍机构"。

克格勃的职权范围相当于美国的中央情报局(CIA)和联邦调查局(FBI)的反间谍部门,它的实力在某些方面甚至超过了美国。克格勃的情报人员能力有口皆碑,前俄罗斯总统、现任俄罗斯联邦政府总理普京也曾为克格勃的成员。克格勃与美国中情局、以色列的摩萨德、英国的军情六处并称为世界四大间谍组织。

的空军军官因背负巨额债务，打算利用职务之便，向各国出卖国家机密换钱。美国联邦调查局特工在国外的情报源接到一名不知名的情报人员的信，信中主动要求出卖情报资料。写信的人是个错别字大王，比如他把"espionage"（间谍）误拼成"esponage"，根据这个特征，联邦调查局最终把目标对准了朗读困难症患者布莱恩·里根。

当布莱恩·里根登上前往苏黎世的飞机，打算与伊朗等国的官员会面商量出售情报事宜时，美国联邦调查局特工就出现在了他面前。他们从里根身上找到了一张写有伊朗等国使馆的地址，还有一个记着13个毫无关联单词的记事簿，如rocket、glove、tricycle等。从里根的钱包里，特工找到了一张写着一长串字母和数字的纸，一张写着26个词的卡片，在一个文件夹中，找到了4张写满了3位一组数字的纸。

特工很快破译了其中的三份资料，而最重要的一

⬆ 俄总理普京也曾为克格勃成员

份，也就是写满了三位一组数字的纸上，暗藏着里根埋藏了大量资料的地址，却迟迟未能告破。密码分析员仔细分析了那些数字后，认为那可能是书籍密码，法医专家检查了里根被捕时随身携带的一本小说和一本字典，根据指纹找出了他翻得最多的那几页，但是也一无所获。不过，他们的思路是对的，只是此书非彼书。最后，还是里根本人揭穿了谜底：那些数字是依据他自己所读中学的毕业年鉴编制而成的密码。密码破译员在他的提示下，最终找到了12个埋藏着重要情报的地点，发现了那些事关国家安危的情报。

随着现代科技的不断进步，间谍们传递情报的手段也越来越多，越来越高科技，也越不容易被识破。

维热纳尔密码并非"不可破译"的密码

观点： 已经有许多人成功地破译了号称"不可破译"的维热纳尔密码，事实证明，维热纳尔密码也遇到了它的克星。维热纳尔密码说明，天下无不可破译的密码，有时只是时间与机遇的问题。

16世纪晚期，随着频率分析法的出现，单字母替换密码完全失去了效用。因此，密码编码者们试图找出一种方法来编制出更为强大、不易破译的密码。为此，编码者们做了许多尝试，例如，在编码过程中加入一些特殊的字符，或者用一些字母代表一种程式，如空格、换行等等，但这种变化都瞒不过破译大师的眼睛，他们通过一点蛛丝马迹就能找出破译密码的线索。

直到有一天，法国外交家 Blaise de Vigenère 提出了一种多字母替换密码的方法，也即用两个或者两个以上的密码表交替使用来进行加密，这样就可以防止任何人利用频率分析法来解密该条信息。关于维热纳尔密码的发明者，还有一个小插曲，早在1553年吉奥万·巴蒂斯塔·贝拉索出版的《吉奥万·巴蒂斯塔·贝拉索先生的密码》一书中，就有关于维热纳尔密码的记录，作者还首次引入了密钥的概念。只是这并未引起人们的注意，直到 Blaise de Vigenère 提出多字母替换密码的方法之后，维热纳尔密码才引起人们

⬆ Blaise de Vigenère 被误认为发明了维热纳尔密码

的关注,所以一直被人们称为"维热纳尔密码"。

维热纳尔密码的关键部分是表格法(tabula recta),表格法是约翰尼斯·特里特米乌斯 1508 年在《隐写术》中提出的。

我们知道,在凯撒密码中,字母表中的字母会有一定的偏移,例如偏移量为 3 的时候,字母 A 就转换成字母 D,B 就转换成了 E。而维热纳尔密码则相当于一个采用不同偏移量的凯撒密码组。

编制维热纳尔密码需要使用表格法,这个表格为 26 行字母表,

查尔斯·巴贝奇破译了维热纳尔密码

频率分析法

频率分析法是一种通过分析每个符号出现的频率进而轻易地破译代换式密码的方法。在每种语言中,冗长的文章中的字母表现出一种可对之进行分辨的频率。例如,e 是英语中最常用的字母,其出现频率为八分之一。最好假定长长的密文中最常用的符号代表 e。如果密码分析者根据频率数能破译出 9 个最常用的字母 e,t,a,o,n,i,r,s 和 h,一般来说他就可破译 70% 的密码。最现代的译密技术也是以古老的频率分析法为根据的。

频率分析法还可以用来对单词中的字母的位置及其组合进行分析。例如,全部英语单词中有一半以上是以 t,a,o,s 或 w 开头的。仅 10 个单词(the, of, and, to, a, in, that, it, is 和 I)就构成标准英语文章四分之一以上的篇幅。

编成密码的词汇量越大,用频率分析法译密就越容易。在激战方酣时,电文接连不断地从战场和司令部之间来回发送,其中少不了密电。第一次世界大战时,德国人每月用无线电播送 200 万编成密码的文字。在第二次世界大战时,盟军最高统帅部常常一天就播发 200 万字的编密文字。

⬆ 威廉·F·弗里德曼曾成功地破译了维热纳尔密码

后面一行是由前一行向左偏移一位得到，具体到究竟哪一行字母是用来编译的，这要取决于密钥，而这个密钥在过程中是不断变化着的。

以"attack at once"为例，我们选择一个关键词"Lemon"为密钥，明文中的首字母A与密钥第一个字母L对应，对照表格进行加密，密文的第一个字母是L，以此类推，就可以得到一组密文。

多表密码的破译是以字母频率为基础的，但直接的频率分析却无法破解，因为E是英语中使用频率最高的字母，而在维尔纳尔密码中，E被加密成不同的文字，因此，维热纳尔也被喜欢密码的人们称为"不可破译的密码"。

维热纳尔密码真的是"不可战胜的密码"吗？对于这个说法，许多人都不认同，事实上，有不少人都成功地破译了维热纳尔密码。1854年，英国人查尔斯·巴贝奇就因为受到斯维提斯在《艺术协会杂志》上发表声明称自己发现了"新密码"的启发，他发现，斯维提斯的密码其实只是维热纳尔密码的一个变种，从而成功地破译了斯维提斯给他的难题——破译两个不同长度的密钥加密的密文。1863年，弗里德里希·卡西斯基公布了一个完整的维热纳尔密码的破译方法。他的这套方法被称为卡西斯基实验，卡西斯基实验的突破口是一些常用的单词，例如the,of等，有可能被同样的密钥字母进行加密，从而在密文中反复出现，这样就可以基本确定密钥的长度。

上世纪20年代，威廉·F·弗里德曼（William F.Friedman）使用重合指数（index of coincidence）来描述密文字母频率的不均匀性，从而确定密钥的长度，由此破译了维热纳尔密码。

确定密钥长度的意义在于，可以根据密钥的长度将密文写成多列，列数与密钥长度相对应，这样一来就得到了一个凯撒密码，采

一次性密码本

一次性密码本（one-time pad, OTP）是密码学中的一种加密演算法，它以随机的密钥组成明文，而且只使用一次。一次性加密的方法是，首先要有一本一次性密码本用以加密文件，接着将一次性密码本里的字母与被加密文件的字母按某个实现约定的规定——混合，混合的方法是将字母指定数字（例如，将A至Z26个字母依次指定为0到25），然后将一次性密码文本上的字母所代表的数字和被加密文件上相对应的数字给相加，再除以该语言的字母数，假设是n（如英语为26），若就此得出来的某个数字小于零，则将该小于零的数给加上n，如此便完成加密。这种一次性密码本的安全性毋庸置疑，已经得到了克劳德·埃尔伍德·香农的证明。

用破译凯撒密码类似的方法，就可以轻易地将密码破译。

考虑到了这个破绽，维热纳尔密码后来还产生了一种变体——滚动密钥密码，这种密码的密钥和密文一样长，这样一来，卡西斯基实验和弗里德曼的方法都失效了。从理论上来说，一个密钥的长度与明文的长度一致而且完全是随机的，那么维热纳尔密码的确就是"不可破译"的。据说，维热纳尔本人还曾发明过一种更强的维热纳尔密码变体——自动密钥密码。巴贝奇破译的正是这种维热纳尔密码的变体。

维热纳尔密码在欧洲的应用并不十分广泛，在欧洲有一种 Gronsfeld 密码与维热纳尔密码基本相同，由于它的强度很高，在德国和整个欧洲都有着广泛的应用。

神秘的 ADFGX 密码

观点：ADFGX 密码是一种双重加密密码，它诞生于第一次世界大战期间，它的破译对一战的结果起着十分重要的作用。

ADFGX 密码是由德国陆军上校 Fritz Nebel 发明，并于 1918 年第一次世界大战时期投入使用。ADFGX 密码是一种结合了 polybius 密码和置换密码的双重加密方案，其中的 A、D、F、G、X 即为 polybius 方阵中的前 5 个字母，它也因此被称为"ADFGX"密码。

以军事中常见的"Attack at once"这句话为例，先将它以 polybius 转换：

A D F G X
A b t a l p
D d h o z k

polybius 密码

也叫棋盘密码，是利用波利比奥斯方阵（polybius Square）进行加密的密码方式。这种密码产生于公元前 2 世纪，是世界上最早的密码，由一位希腊人提出。之所以称之为棋盘密码，是因为该密码将 26 个字母放在 5x5 的方格里，其中字母 i 和 j 放在一个格子里，如下表所示：

  1 2 3 4 5
1 a b c d e
2 f g h i,j k
3 l m n o p
4 q r s t u
5 v w x y z

这样，每个字母就对应着由两个数字构成的字符，如 a 对应 11，b 对应 12……，其中第一位数字代表的是字母所在行的标号，第二个数字代表的是该字母所在列的标号。

F q f v s n

G g j c u x

X m r e w y

这样一来,"Attack at once"就可以转换成"AF AD AD AF GF DX AF AD DF FX GF XF"这组字母,这是第一重加密,然后再利用移位密钥加密,假设密钥为"CARGO":

C A R G O
―――――――

A F A D A

D A F G F

D X A F A

D D F F X

G F X F X

这是第二次加密,然后再将密钥"CARGO"中的字母调整为字母表的顺序,即 ACGOR,每个字母对应的列下面的讯息即为新的密文,例如,字母"A"对应的为"FAXDF","C"对应的为"ADDDG"……

于是,一份新的电文就产生了：FAXDF ADDDG DGFFF AFAXX AFAFXA。不过在实际应用中,移位密钥的长度可能有二十几位字母,且每天都有变化。在此基础上,还出现过 ADFGXV 密码,就是将 polybius 其中的 5x5 的格子变成 6x6,这使得所有英文字母以及数字 0 到 9 都可以混合使用。

这种 ADFGX 密码在一战时,曾一度改变了战局。

1918 年,第一次世界大战接近尾声之际,法军截获了一份德军的电报,这份电报所有的单词都以 A、D、F、G、X 五个字母组成,与以往的电报有很大的不同,法军方面预计德军可能会发起一场生死决战,因此破解新的密电成了重中之重。

年仅 29 岁的法军密码局分析员乔治·潘万中尉接到了这个艰巨的任务。从 A、D、F、G、X 五个字母中可以判断,这是采用

polybius 密码转换而来的，但从法军不断截获的德军电报来看，这又不仅仅只是简单的棋盘式代替密码，潘万判断这些密码在 polybius 的基础上再一次经过了加密！

他的判断是对的！法军又先后截获了 18 份 ADFGX 电报，潘万在分析对比了这些电文后，从中发现了一些相似之处，经过反复的验证，终于破译出长达 20 位的移位密钥。正当潘万稍稍松了一口气的时候，情况突然发生了变化，法军在 6 月 1 号这天共截获了 70 多分德军密电，这次他们的电报中多了一个字母 V！显然，德军将他们的棋盘扩大为 6x6 了。

日趋紧张的形势容不得潘万有丝毫的松懈，他又开始夜以继日的破译工作，在经过 24 小时的连续工作之后，德军的棋盘密钥和移位密钥又被他找出来了。功夫不负有心人，两天之后，法军截获了一份从德军统帅部发出的密电，密电是发给德军 19 集团军参谋部的。密码分析员用潘万分析出的密钥试译了一下，一条惊人的消息出现了：速运军需弹药如不被发现白天也运！

这是一条对战争起了决定性作用的消息，法军马上意识到德军在为一场进攻做准备。正所谓知己知彼百战不殆，提前 6 天知悉德军进攻消息的法军有充分的时间调集部队加强防范，在法军固若金汤的防护面前，德军的进攻以失败告终。这一役之后，整个战局发生了逆转，向着有利于协约国的方向发展，历史也由此被改写了。

什么是密钥

密钥是一种参数，它是在明文转换为密文或将密文转换为明文的算法中输入的数据。密钥一般有两种，分为对称密钥和非对称密钥。对称密钥加密，即信息的发送方和接收方都用同一个密钥去加密和解密数据；非对称密钥加密又称私钥密钥加密，它需要使用一对密钥来分别完成加密和解密操作，一个公开发布，即公开密钥，另一个由用户自己秘密保存，即私用密钥。

托马斯·杰斐逊的轮子密码机

观点：托马斯·杰斐逊不仅是一位著名的政治家，还是一位发明家，他在一个多世纪以前的发明，过了将近一百年之后，再次被发明出来并在战争中发挥很大的作用，足见他的高瞻远瞩。

托马斯·杰斐逊不仅是一位著名的政治家，还是一位伟大的发明家，早在托马斯·杰斐逊还只是乔治·华盛顿身边的秘书的时候（1790-1793年），他就发明了一种可以安全地为信息加密和解密的工具，也就是他称之为"轮子密码机"的机器。在美国独立运动期间，杰斐逊发现，那些靠人工传递的秘密函件很容易被截获，信息也很容易被暴露出去。于是，他就发明了这种可以将信息加密的机器。

轮子密码机由26个木头圆片构成，这26个圆片的中心有孔，这样就可以将它们串在一起。每个圆片上都刻有26个字母，人们可以利用转动这些圆片，用上面的字母来编写自己所要传递的信息，以"set up force field war has started"这条消息为例，要加密这条信息，就可以在轮子密码机上将第一个圆盘转到字母"s"，第二个圆盘转到字母"e"，中间无需空格与符号，这样在密码机上显示的就是：setupforcefieldwa

➡ 托马斯·杰斐逊不仅是杰出的政治家，还是一位发明家

↑ 杰斐逊轮子密码机

↑ M-94 密码机

rhasstarted。然后，选择其他任意一行，记下这一行的位置以及这一行上面所显示的字母，例如：gcqplyrdhnrswzktfmuavhpwxmb。

收信人收到加密的信息后，只需要在密码机上拼出 gcqplyrd hnrswzktfmuavhpwxmb 之后，再找隐含了秘密信息的那一行即可。杰斐逊的轮子密码机在当时算得上是一项伟大的发明，但由于将消息传递出去，需要复制一个一模一样的轮子密码机再送出去，这在 18 世纪末期 19 世纪初的时候，需要花费几个月的时间，最后，他只得放弃这项发明，改由书写密码传递信息。

有趣的是，杰斐逊的 1792 年左右的这项发明自 1802 年后就没有投入使用，后来渐渐被遗忘了。直到一个世纪后，这个轮子密码机却两次被"再发明"，一次是在 1890 年，一名法国政府官员 Etienne Bazeries 发明了以他的名字命名的 Bazeries 密码机；1922 年，美国一位军官 Joseph Mauborgne 在 Bazeries 密码机的基础上，发明了 M-94 密码机。

M-94 与杰斐逊的轮子密码机不同的是，它采用的是 25 个

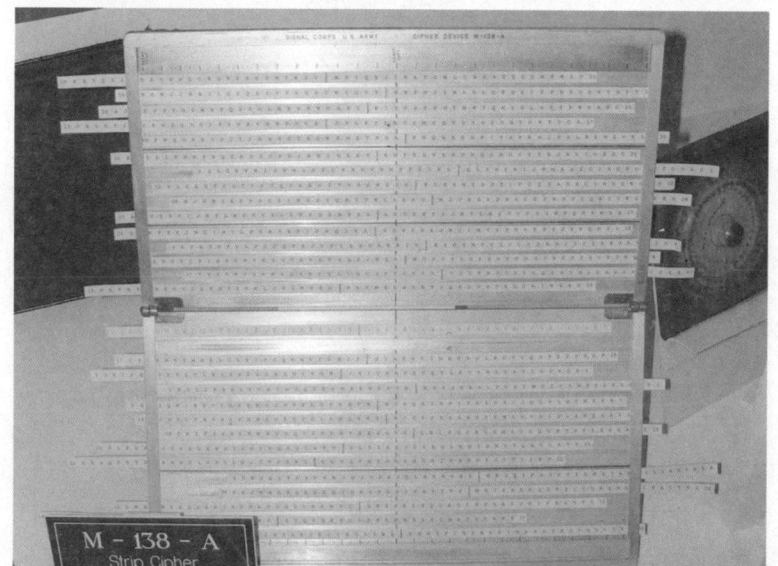

◐ 改良后的 M-138-A 纸条密码机

铝片，M-94 从 1922 年发明到第二次世界大战初期，一直为美国的海陆空及联邦通信部等部门所使用，后来又将它改成"M-138-A"纸条密码机，M-138-A 是美军军官 Parker Hitt 提议设计的，它的主要特点是 25 个可选取的纸条按照预先编排的顺序编号和使用。M-138-A 于 1930 年制成，在后来的整个二战期间都发挥着作用。

  杰斐逊的轮子密码机与电影《达·芬奇密码》中的藏密筒有许多相似之处，不同之处在于杰斐逊的密码机本身就可以拼出所要传递的信息，而藏密筒则更像是一个保险柜的钥匙，只有密码对了，才能看到里面藏着的信息。